大学生程序竞赛算法基础教程

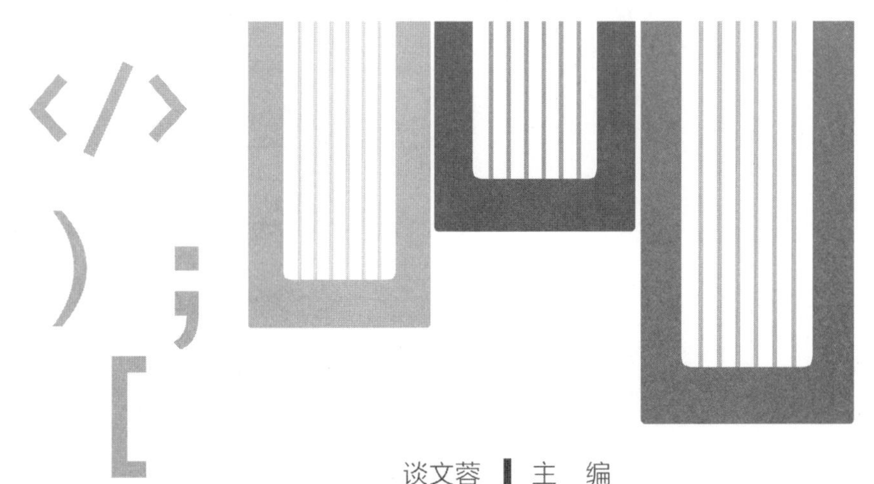

谈文蓉 ▎主　编
校景中　周绪川 ▎副主编

人 民 邮 电 出 版 社
北　京

图书在版编目（CIP）数据

大学生程序竞赛算法基础教程 / 谈文蓉主编. -- 北京 : 人民邮电出版社, 2019.5
ISBN 978-7-115-50921-5

Ⅰ. ①大… Ⅱ. ①谈… Ⅲ. ①计算机算法－竞赛－高等学校－教材 Ⅳ. ①TP301.6

中国版本图书馆CIP数据核字(2019)第043952号

内 容 提 要

本书共 7 章，内容包括枚举、递归、贪心、二分、动态规划、图论和字符串等大学生程序竞赛中的基本算法。

本书注重理论与实践相结合，书中提供的程序样例较多，以便学生学以致用；内容编排力求循序渐进、由浅入深，以保证教材的易用性和可读性。

本书可作为高等院校理工类相关专业的基础算法类课程教材，也可作为大学生程序竞赛中基础算法的培训教材，也可供对程序设计和算法感兴趣的普通读者学习参考。

◆ 主　　编　谈文蓉
　副 主 编　校景中　周绪川
　责任编辑　邢建春
　责任印制　彭志环

◆ 人民邮电出版社出版发行　　北京市丰台区成寿寺路 11 号
　邮编　100164　　电子邮件　315@ptpress.com.cn
　网址　http://www.ptpress.com.cn
　北京市艺辉印刷有限公司印刷

◆ 开本：700×1000　1/16
　印张：10　　　　2019 年 5 月第 1 版
　字数：196 千字　　2019 年 5 月北京第 1 次印刷

定价：49.00 元

读者服务热线：(010)81055488　印装质量热线：(010)81055316
反盗版热线：(010)81055315

前言

云计算、大数据和人工智能技术的发展，对算法能力提出了更高的要求，高等院校计算机类专业越来越重视程序能力和算法能力的培养。以 ACM/ICPC 为代表的程序类竞赛为算法类人才的培养提供了一个很好的平台，本书作者在高校长期从事算法类的竞赛培训工作，《大学生程序竞赛算法基础教程》一书的出版可帮助读者对基础算法快速入门。

本书的特点如下。

本书是作者十余年带队参加 ACM 国际大学生程序竞赛积累下来的讲义资料，贴近实战。

本书注重理论与实践相结合，书中提供的程序样例较多，以便学生学以致用。

本书的内容编排力求循序渐进、由浅入深，以保证教材的易用性和可读性。

全书共 7 章，各章主要内容介绍如下。

第 1 章 C/C++简介。介绍程序竞赛中必备的 C/C++语法。

第 2 章基础算法。介绍算法复杂度、枚举、递归、贪心、二分法等基本算法分析方法和策略。

第 3 章基础数学。介绍最大公约数、素数、欧拉函数、算术基本原理、快速幂等算法所需数学知识。

第 4 章数据结构。讲解栈和队列、优先队列、二叉树、并查集、树状数组、RMQ 和线段树等程序竞赛中常用数据结构。

第 5 章动态规划。讲解基本动态规划、背包、01 背包、完全背包、单调队列、数位 DP、区间 DP 和概率 DP 等主流动态规划算法。

第 6 章图论。介绍建图与遍历、邻接矩阵、Vector 邻接表、链式前向星、搜索、深度优先搜索、广度优先搜索、Prim 算法、Kruskal 算法、Floyed 算法、Dijkstra

算法和拓扑排序等图论算法。

第 7 章字符串。讲述 KMP 和 AC 自动机等字符串匹配算法。

本书是作者长期开展高校教育教学改革的成果，得到了国家民委高等教育教学改革项目（No.17025）、西南民族大学教育教学改革项目（No.2017ZDPY06）、教育部高等教育司产学合作协同育人项目（No.201702108001）的资助。教材在编写的过程中，得到了相关教师和 ACM/ICPC 参赛队员的帮助，在此深表感谢。

本书由谈文蓉教授主编，校景中副教授和周绪川教授副主编，万师敏等同学参与。书中的全部程序均经过调试。由于编者水平所限，加之时间仓促，书中不妥之处在所难免，望广大读者不吝赐教。

编　者

2018 年 10 月

目 录

第1章 C/C++简介

首先，阅读一段完整的C语言代码。

```
1. #include <stdio.h>
2. int main()
3. {
4.     int sum = 0 , a, b;
5.     scanf("%d %d",&a,&b);
6.     sum = a + b;
7.     printf("%d\n",sum);
8.     return 0;
9. }
```

#include <stdio.h>表示引用了C语言中标准输入输出头文件。头文件是一个包含功能函数和数据接口声明的载体，是C/C++语言家族中不可缺少的组成部分。编译时，编译器通过头文件找到对应的函数库，进而把已引用函数的实际内容导出来代替原有函数。例如，<stdio.h>包含了C语言中的标准输入输出函数（scanf()函数和printf()函数）；<math.h>包含了许多数学函数，如求平方根值（sqrt()函数）、求绝对值（abs()函数）等。当我们使用这些函数时，一定要先声明相对应的头文件。

main()是主函数名，函数体用一对大括号表示。在一个程序中，有且仅能有一个以main()命名的函数，程序从main()函数的第一行开始运行，最后一行结束。通常将主函数的返回值设为一个int类型的数据，返回0表示程序无异常，返回其他值表示程序出错。

int sum = 0,a,b; 定义了3个int类型的数据，分别为sum，a，b，并把sum值

初始化为 0。

scanf()是 C 语言中的输入函数，被声明在头文件 stdio.h 中，此行代码表示输入了两个值，并把这两个值分别赋给 a 和 b 这两个变量。函数的第一个参数是格式字符串，它指定了输入的格式。例如，%d 为 int 型数据的格式字符串，%c 为 char 型数据的格式字符串，%f 为 float 型数据的格式字符串。&a、&b 中的&是寻址操作符，&a 表示对象 a 在内存中的地址。

prinf()是 C 语言中的输出函数，同样被声明在头文件 stdio.h 中，此行代码表示输出 sum 的值。

return 0 表示函数的返回值为 0，表示程序无异常，正常结束。

接下来，再来看一段完整的 C++代码。

```
1. #include <iostream>
2. using namespace std;
3.
4. int main()
5. {
6.     int sum = 0 , a, b;
7.     cin >> a >> b;
8.     sum = a + b;
9.     cout << sum << endl;
10.     return 0;
11. }
```

这段代码与上述 C 语言代码功能类似，主要区别在于输入输出的方式不同。在 C++语言中，使用了 iostream 的标准头文件，输入函数改为输入流对象，输出函数改为输出流对象。同时，using namespace std 指明了命名空间为 std，由于 C++标准库中的所有组件都是在一个名为 std 的命名空间中，为了防止许多对象出现同名而混淆的情况，程序都要加上命名空间。

虽然这么看上去，C 语言和 C++语言出入不大，但 C 语言基本上是 C++的一个子集，C++在 C 语言基础上增加了基于对象、面向对象的通用模板化编程以及标准模板库。语法上因此也稍有不同。

（1）在 C 语言中，文件名的后缀为.c，而在 C++中以.cpp 为后缀。

（2）在 C 语言中，变量必须在程序的开始部分集中定义，而在 C++中可以在用到的时候再定义。

（3）C++语言中允许多个函数使用相同的函数名，构成重载，但 C 语言中是万万不行的。

（4）在 C 语言中，struct 类型的定义必须要加上 struct 的前缀，而在 C++中，

struct 可以直接使用其类型名定义。

接下来，对 C/C++语法进行简单介绍。

基本数据类型

C/C++拥有丰富的数据结构，如整数类型、实数类型、字符串类型等。以下是 Windows 平台下 32 位操作系统下的数据。

	类型	字节长度
整数类型	short	2（16 位）
	int	4（32 位）
	long	4（32 位）
	long long	8（64 位）
字符串类型	char	1（8 位）
实数类型	float	4（32 位）
	double	8（64 位）
	long double	16（128 位）
布尔类型	bool	1（8 位）

【注】C 语言中不包括布尔类型，它是包括在 C++语言中的。

整型有无符号（unsigned）和有符号（signed）两种类型，在默认情况下，声明的整型变量都是有符号的类型，如果要声明无符号类型，就需要在类型前加上 unsigned。无符号类型和有符号类型的区别是有符号类型需要使用一个比特来表示数字的正负，如 32 位系统中一个 short 能存储的数据范围为–32768 ~ 32767（16 位二进制的最高位作为符号位，“1”为负，“0”为正），而 unsigned 能存储的数据范围则是 0~65535（这个最高位不用作符号位，所以是 2^{16}，共 65536）。使用无符号整型，可使正整数的数据范围扩大一倍。

一个 char 的大小和一个机器字符一样，布尔类型（bool）的取值是真（true）或者假（false）。

变量

在程序的运行过程中，值可以改变的被称为变量。变量命名时，只能由数字、字母和下划线组成，且第一个字符只能为字母或者下划线，如下。

```
1.  int  sum = 0;
2.  char  ch;
```

在一段程序中，每个变量都有作用域和生存周期。在函数或者代码块内部声明的变量称为局部变量，局部变量在函数调用完毕或者代码块运行完之后就结束了生命周期。在所有函数外声明的变量称为全局变量，全局变量在整个代码结束后才结束其生命周期。

局部变量只在函数内或者代码块内使用，而全局变量可以在整个程序中使用。二者可以同名，但在函数内，局部变量会覆盖全局变量的值。请看下面一段代码。

```
1. #include <iostream>
2. using namespace std;
3.
4. int main()
5. {
6.    int i = 10;
7.    cout <<"全局变量 "<<  i << endl;
8.    for(int i = 0 ; i<3; i++)
9.    {
10.        cout <<"局部变量 "<<  i << endl;
11.    }
12.    i++;
13.    cout <<"全局变量 "<<  i << endl;
14.    return 0;
15. }
```

运行结果如下。

```
全局变量 10
局部变量 0
局部变量 1
局部变量 2
全局变量 11
```

在此段代码中，全局变量和局部变量同名，但在代码块内，局部变量覆盖了全局变量。

常量

在程序的运行过程中，值不能改变的被称为常量，常量可以是任何的基本数据类型，一旦被定义就不能修改。常量的定义方法分为两种：

（1）使用#define 宏定义；

（2）使用 const 关键字。

使用方法如下。

```
1. #define  age  20
2. const int age = 20;
```

【注】使用 define 宏定义，句末不需要加分号；const 定义必须赋值。

宏定义是字符替换，没有数据类型的区别，编译时直接将字段进行替换，容易产生错误。const 关键字定义，有类型区别，在编译时会进行类型检验。

数组

当变量很少时，可以直接定义，但当有成千上万个相同类型的变量时，逐一定义就显得力不从心，这时就引入了数组的概念。数组是有序数据的集合，可以定义任何数据类型的数组，它在内存中开辟了一段连续的空间。在 C 语言中是不能对数组的长度做动态定义的，但在 C++中可以实现。数组又分为一维数组和多维数组，以二维数组为例，二维数组的每个元素又是一个一维数组。例如，a[4][2]这个二维数组，我们可以看成是一个含有 4 个元素的一维数组，但每个元素是一个包含 2 个元素的二维数组。

```
1. #include <iostream>
2. using namespace std;
3.
4. const int N = 10;
5. int main()
6. {
7.     int a[N][N];
8.     for(int i=0;i<N;i++)
9.     {
10.         for(int j=0;j<N;j++)
11.         {
12.             a[i][j] = i+j;
13.         }
14.     }
15.     //memset(a,0,sizeof(a));
16.     return 0;
17. }
```

数组清零的时候，可以遍历一次将每个元素的值设为 0，也可以使用 memset 函数，它是对较大的数组或结构体清零最快的方法，使用方法为 void *memset(void *s, int ch, size_t n)。

函数

为了使程序更清晰易懂，通常将程序模块化，每个模块独立完成自己的功能，这个模块称为函数。在 C/C++程序中至少包括一个函数，程序是由一个主函数和若干个函数构成的，同一个函数可以被不同的函数多次调用，但主函数不能被其他函数调用，只能调用其他函数。

函数是由一个函数头和一个函数主体构成的，函数头又分为返回类型、函数名、参数。

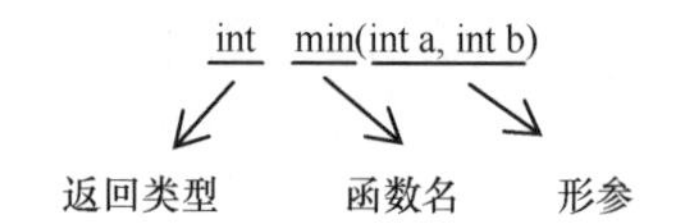

返回类型分为两种：一种为 void 型，即不返回任何数据类型；另一种为其他数据类型，return _type 是其返回的数据类型。参数列表可以为空，也可以传入某些值供函数内使用，这些值称为实参。

函数有 3 种调用方式，分别为传值调用、指针调用和引用调用。

使用传值调用时，把参数的实际值赋值给形式参数，在函数内做的一系列修改对被调用函数中的实际参数没有任何影响。指针调用是把参数的地址复制给形式参数，此时的修改会对实际参数产生影响。引用调用是把参数的引用复制给形式参数，修改也会对实际参数产生影响。

```
1. #include <iostream>
2. using namespace std;
3.
4. void fun1(int a,int b)
5. {
6.     a = 10;
7.     b = 1;
8.     return;
9. }
10. void fun2(int &a,int &b)
11. {
12.     a = 10;
13.     b = 1;
14.     return;
15. }
16. int main()
17. {
18.     int a = 1, b = 10;
19.     cout << a << "  " << b << endl;
20.     fun1(a,b);
21.     cout << a << "  " << b << endl;
22.     fun2(a,b);
23.     cout << a << "  " << b << endl;
24.     return 0;
25. }
```

运行结果如下。

```
1  10
1  10
10  1
```

结构体

结构体通俗讲就像打包封装，把一些有共同特征（如同属于某一类事物的属性，往往是某种业务相关属性的聚合）的变量封装在内部，通过一定方法访问修改内部变量。

结构体的定义如下。

```
1. struct Node{
2.     int a[20];
3.     char b;
4.     float c;
5. }
```

struct 是声明结构体类型时所必须使用的关键字，不能省略。Node 是这个结构体的名称。大括号内是该结构体中的各个成员，由它们组成一个结构体。

结构体有以下几种声明变量方式。

```
struct Node{
        char name[N];
        int b;
        float c;
}node;
```

```
struct Node{
        Char name[N];
        char b;
        float c;
};
struct Node node;
```

```
struct Node{
        int a[N];
        char b;
        float c;
}node={“SWUN”,10,19.5};
```

结构体在定义的时候不能申请内存空间，但如果是结构体变量，声明的时候可以分配，两者关系就像 C++的类与对象，对象才分配内存。结构体的大小通常（只是通常）是结构体所含变量大小的总和。

第2章 基础算法

2.1 算法复杂度

掌握了基本的编程语言，我们就可以用其来解决各种不同类型的问题，但解决问题的途径多种多样，每种途径又对应一种算法。算法是解决问题的步骤，一个高效稳定的算法可以快速让问题得到完美解答，达到事半功倍的效果，然而，算法的复杂度决定了算法的优劣。

算法的复杂度一般从时间复杂度和空间复杂度这两个方面进行评估。

2.1.1 时间复杂度

时间复杂度是指执行算法所需要的计算工作量。在计算机科学中，算法的时间复杂度是一个函数，它定性描述了该算法的执行时间，整个算法的执行时间与基本操作重复执行的次数成正比。

时间复杂度常用大 O 符号表示，如 $O(n)$、$O(\log^n)$等，其中，n 为问题规模，即数据输入的大小。在计算时间复杂度时，先计算基本操作的次数，用 $f(n)$表示，$O(f(n))$代表该算法复杂度是与 $f(n)$成正比的，相当于把 $f(n)$数量级化。

例如，下面这段计算 $1^2+2^2+3^2+4^2+5^2+\cdots+n^2$ 的代码。

```
1. for(int i=1;i<=n;i++)
```

```
2. {
3.     for(int j=1;j<=i;j++)
4.     {
5.         sum += i;
6.     }
7. }
```

循环内的语句执行了$\frac{n(n+1)}{2}$次，取数量级，则这个算法的时间复杂度为$O(n^2)$。当然，对于一些复杂或庞大的算法，这样精确的计算复杂度显得不太可行，通常，我们采用估算方式，取最大数量级。当运算次数不随着问题规模 n 增长，则时间复杂度为 $O(1)$，称为常数级。当运算次数随着问题规模 n 增长，根据嵌套循环、递归等次数，会有对数级 $O(\log^n)$、线性级 $O(n)$、指数级 $O(\mathrm{C}^n)$、阶乘级 $O(n!)$等（其中，n 为问题规模大小，C 为一常量）。

常见的几种复杂度的关系为$c < \log^n < n < n\log^n < n^a < a^n < n!$。

2.1.2　空间复杂度

空间复杂度是指算法在计算机内执行时所需存储空间的度量。算法在执行过程中，本身程序中的变量、数组、结构体和一些数据结构会占用一些空间，也会需要额外的空间，在实际问题中，为了减少空间复杂度，可采用压缩存储的方法。

当数据的输入量不同时，我们可以根据时间和空间复杂度判断算法是否可行，在满足可行的条件下，尽可能使用高效的算法。假设时间限制为 1 s，时间复杂度在 1×10^7 以下一般能流畅运行，达到 1×10^8 且算法结构简单时，或许可勉强运行。而对于空间复杂度，尽量少开一些不必要的空间，数组大约在 1×10^6，具体复杂度预估可根据实际问题判断。

2.2　枚举

把问题所有可能的解一一进行检验，排除后得到正确可行解的过程称为枚举，这种方法是牺牲时间和空间来换取较高的准确性，所以当可能的解范围较大时，一般不建议采取这种方法。枚举的时间复杂度一般为所有可能解的范围，但在绝大多数情况下，可以进行优化处理，缩小可能解的范围，或者根据问题的相关性质有选择性地跳跃搜索正解。

枚举简单粗暴，当可能的解范围确定时，暴力枚举所有可能的解，使用枚举算法时，要保证可能的解范围确定，并且一定能在这个范围内找到正解，其本质上就是搜索。

【题面描述 1】

水仙花数是指一个 n 位数（$n \geqslant 3$），它每个位上数字的 n 次幂之和等于它本身（如$1^3+5^3+3^3=153$），求出所有三位数的水仙花数。

【思路分析】

方法 1：直接遍历 100~999，判断每个数是否满足是水仙花数的条件。判断的时候，先把每个数的个位、十位、百位拆分出来，然后求三次幂之和是否为此数。

【参考代码】

```
1. #include <stdio.h>
2. #include <math.h>
3.
4. int main()
5. {
6.     int i,a,b,c;
7.     for(i=100;i<=999;i++)
8.     {
9.         a=i%10;  //取出个位数字
10.         b=i/10%10; //取出十位数字
11.         c=i/100; //取出百位数字
12.         if(pow(a,3)+pow(b,3)+pow(c,3)==i) printf("%d ",i);// pow(a,b)
为数学函数，表示 a^b，使用时要加上头文件<math.h>
13.     }
14.     return 0;
15. }
```

方法 2：方法 1 只有一个循环，还可以利用 3 个循环，每重循环分别模拟百位、十位、个位，两种方法的时间复杂度相同，都是遍历了所有可能解的范围，只不过遍历方式不同。

【参考代码】

```
1. #include <stdio.h>
2. #include <math.h>
3.
4. int main()
5. {
6.     int i,a,b,c;
7.     for(a=1;a<=9;a++)  //百位从 1 开头
8.     {
```

```
9.         for(b=0;b<=9;b++) //模拟十位
10.         {
11.             for(c=0;c<=9;c++) //模拟个位
12.             {
13.                 i=a*100+b*10+c;
14.              if(pow(a,3)+pow(b,3)+pow(c,3)==i) printf("%d ",i);
15.             }
16.         }
17.     }
18.     return 0;
19. }
```

【题面描述 2】

百钱买百鸡问题：一个人有 100 元钱，打算买 100 只鸡。到市场一看，公鸡一只 3 元，母鸡一只 5 元，小鸡 3 只 1 元，试求用 100 元买 100 只鸡，各买多少合适?

【思路分析】

根据题意，假设买 x 只公鸡，y 只母鸡，z 只小鸡，可以得到方程组

$$\begin{cases} 3x+5y+z/3=100 \\ x+y+z=100 \end{cases}$$

其中，$0 \leqslant x,y,z \leqslant 100 \,\&\, z\%3==0$，然后可以写出最为简单的代码，一一对所有解进行枚举。

【参考代码】

```
1. #include <stdio.h>
2.
3. int main()
4. {
5.     int x,y,z;
6.     for( x = 0; x <= 100; x++ )
7.     {
8.         for( y = 0; y <= 100 ; y++ )
9.         {
10.             for( z = 0; z <= 100;z+=3 )
11.             {
12.                 if( x + y + z == 100 && 3 * x + 5 * y + z / 3 == 100 )
13.                 {
14.                     cout << x << " " << y << " " << z << endl;
15.                 }
16.             }
17.         }
18.     }
```

```
19.     return 0;
20. }
```

我们可以根据已知条件来优化代码，减少枚举的次数：3 种鸡的和是固定的，我们只要枚举两种鸡(x,y)，第 3 种鸡就可以根据约束条件 $z=100-x-y$ 求得，这样就缩小了枚举范围。另外，我们根据方程特点，可以消去一个未知数，得到

$$\begin{cases}4x+7y=100\\x+y+z=100\end{cases}$$

其中，$0\leqslant x,y,z\leqslant 100\ \&\ z\%3==0$ 中的 x 值可以缩小范围为 $0\leqslant x\leqslant 25$。代码优化如下所示。

```
1. #include <stdio.h>
2.
3. int main()
4. {
5.     int x,y,z;
6.     for( x = 0; x <= 25; x++ )
7.     {
8.             y = 100 - 4 * x;
9.             if( y % 7 == 0 && y >= 0 )
10.             {
11.                 y /= 7;
12.                 z = 100 - x - y;
13.                 if( z % 3 == 0 && 3 * x + 5 * y + z / 3 == 100  )
14.                     cout << x << " " << y << " " << z << endl;
15.             }
16.     }
17.     return 0;
18. }
```

【题面描述 3（HDU 1172）】

计算机随机产生一个四位数，让玩家猜这个四位数是什么，每猜一个数，计算机都会告诉玩家猜对了几个数，其中有几个数在正确的位置上。例如，计算机随机产生的四位数为 1122，如果玩家猜 1234，因为 1、2 这两个数字同时存在于这两个数中，而且 1 在两个数的位置中是相同的，计算机会告诉玩家猜对了 2 个数字，其中 1 个在正确的位置；如果玩家猜 1111，那么计算机会告诉玩家猜对了 2 个数字，有 2 个在正确位置上。现在给出一段玩家与计算机的对话过程，根据这段对话确定这个四位数是什么。

【输入】

输入数据有多组。每组的第一行为一个正整数 $N(1\leqslant N\leqslant 100)$，表示在这段

对话中共有 N 次问答。在接下来的 N 行中，每行 3 个整数 A、B、C。玩家猜这个四位数为 A，然后计算机回答猜对了 B 个数字，其中 C 个在正确的位置上。当 N=0 时，输入数据结束。

【输出】

每组输入数据对应一行输出。如果根据这段对话能确定这个四位数，则输出这个四位数，若不能，则输出“Not sure”。

【Sample Input】

6

4815 2 1

5716 1 0

7842 1 0

4901 0 0

8585 3 3

8555 3 2

2

4815 0 0

2999 3 3

0

【Sample Output】

3585

Not sure

【思路分析】

因为随机产生的数一定是四位数，所以求解范围不大，可以使用枚举的方法。对于每一个四位数，判断其是否与输入中的对话冲突，但是在找到一个符合条件的数时，仍要继续枚举，直到出现第二个符合条件的数或者枚举完所有四位数时，枚举结束。当有两个符合条件的数或者枚举结束都没找到一个符合条件的数时，输出“Not sure”，当且仅当只有一个符合条件的数时，输出这个数。当然，对于每个数都要进行判断，所以在输入的过程中利用结构体把对话存储进来，然后在判断每个数时读取结构体。

【参考代码】

```
1. #include <iostream>
2. #include <cstdio>
```

```
3. #include <cstring>
4. #include <algorithm>
5. using namespace std;
6.
7. const int N = 110;
8. struct Arr{
9.    int a,b,c;
10. }arr[N];
11.
12. int hashA[10], hashB[10];
13.
14. bool judge(int y,int n)
15. {
16.     memset(hashA,0,sizeof(hashA));
17.
18.
19.     int A1,B1,C1,D1,A2,B2,C2,D2;
20.     A1 = y % 10;   hashA[A1]++;
21.     B1 = y/10 % 10;  hashA[B1]++;
22.     C1 = y/100 % 10;  hashA[C1]++;
23.     D1 = y/1000;   hashA[D1]++;
24.
25.     for(int i=0;i<n;i++)
26.     {
27.         memset(hashB,0,sizeof(hashB));
28.
29.         int x = arr[i].a;
30.         A2 = x % 10;   hashB[A2]++;
31.         B2 = x/10 % 10;  hashB[B2]++;
32.         C2 = x/100 % 10;  hashB[C2]++;
33.         D2 = x/1000;   hashB[D2]++;
34.
35.         int cnt1 = 0, cnt2 = 0;
36.         if(A1==A2) cnt1++;
37.         if(B1==B2) cnt1++;
38.         if(C1==C2) cnt1++;
39.         if(D1==D2) cnt1++;
40.         if(cnt1!=arr[i].c) return false;
41.
42.         for(int q=0;q<10;q++) cnt2 += min(hashA[q],hashB[q]);
43.         if(cnt2!=arr[i].b) return false;
44.     }
45.     return true;
46. }
47. int main()
48. {
```

```
49.  int n;
50.  while(scanf("%d",&n)!=EOF && n!=0 )
51.  {
52.   for(int i=0;i<n;i++)
53.       scanf("%d %d %d",&arr[i].a,&arr[i].b,&arr[i].c);
54.   int ans = -1;
55.   for(int i=1000;i<=9999;i++)
56.   {
57.       if(judge(i,n))
58.          {
59.                 if(ans!=-1) {ans = -1;break;}
60.                 ans = i;
61.          }
62.   }
63.   if(ans==-1) printf("Not sure\n");
64.   else printf("%d\n",ans);
65.  }
66.  return 0;
67. }
```

【习题推荐】

POJ.1753

POJ.2965

2.3 递归

一个函数直接或者间接调用自己本身，这种函数称为递归函数，而递归算法是把问题转化为规模缩小了的同类问题的子问题，然后调用递归函数表示问题的解，其思想是将一个大型而且复杂的问题层层简化，转化为一个与原问题相似的规模较小且简单的子问题，通过多次调用子问题得到最终复杂问题的解。

在递归调用的过程中，系统为每一层的返回点、局部量等开辟了栈来存储，为了避免栈溢出的问题，递归需要有边界条件，必须有一个明确的递归出口。

【题面描述 1（HDU 2018）】

有一头母牛，它每年年初生一头小母牛。每头小母牛从第 4 个年头开始，每年年初也生一头小母牛。请编程实现在第 n 年时，共有多少头母牛？

【输入】

输入数据由多个测试实例组成，每个测试实例占一行，包括一个整数

$n(0<n<55)$，n 的含义如题目中描述。n=0 表示输入数据的结束，不做处理。

【输出】

对于每个测试实例，输出在第 n 年时母牛的数量。每个输出占一行。

【Sample Input】

2

4

5

0

【Sample Output】

2

4

6

【思路分析】

假设第 n 年母牛数为 cow[n]，根据题意可以知道 cow[1] = cow[2] = cow[3] = 1；当 $n>3$ 时，就要推公式再进行递归求解。第 n 年的母牛数可以分为两部分：第一部分为第 $n-1$ 年的母牛总数；第二部分为第 n 年年初刚生育的小牛数，而第 n 年年初刚生育的小牛数等于第 $n-3$ 年的母牛总数。所以，当 $n>3$ 时，cow[n] = cow[$n-1$] + cow[$n-3$]。

【参考代码】

```
1. #include <iostream>
2. #include <cstdio>
3. #include <cstring>
4. #include <algorithm>
5. using namespace std;
6.
7. const int N = 60;
8. int CowNumber(int n)
9. {
10.     if(n<4) return n;
11.     else return CowNumber(n-1) + CowNumber(n-3);
12. }
13. int main()
14. {
15.     int n;
16.     while(scanf("%d",&n)!=EOF && n!=0)
17.     {
18.         printf("%d\n",CowNumber(n));
```

```
19.     }
20.     return 0;
21. }
```

【注意】直接 return CowNumber(n−1) + CowNumber(n−3)，会出现多次重复不必要的调用，可以使用数组 Cow[i]进行记忆化递归，如下。

```
1. int Cow[N];
2. int CowNumber(int n)
3. {
4.     if(Cow[n]) return Cow[n];
5.
6.     if(n<4) return Cow[n] = n;
7.     else return Cow[n] = CowNumber(n-1) + CowNumber(n-3);
8. }
```

使用数组后，可以避免重复计算，当 Cow[n]计算之后，直接返回值，不需要继续进行递归求值。

【题面描述 2（HDU 2047）】

某一年的 ACM 暑期集训队共有 18 人，分为 6 支队伍。其中有一个叫 EOF 的队伍，由 2004 级的阿牛、XC 以及 2005 级的 COY 组成。在共同的集训生活中，大家建立了深厚的友谊，阿牛准备做点什么来纪念这段激情燃烧的岁月，想了想，阿牛从家里拿来一块上等的牛肉干，准备在上面刻下一个长度为 n 的只由“E”“O”“F”这 3 种字符组成的字符串（可以只有其中一种或两种字符，但绝对不能有其他字符），阿牛同时禁止在串中出现 O 相邻的情况，他认为，“OO”看起来就像一双发怒的眼睛，效果不好。

你能帮阿牛算一下共有多少种满足要求的不同的字符串吗？

【输入】

输入数据包含多个测试实例，每个测试实例占一行，由一个整数 $n(0 < n < 40)$ 组成。

【输出】

对于每个测试实例，请输出全部满足要求的刻法，每个实例的输出占一行。

【Sample Input】

1

2

【Sample Output】

3

8

【思路分析】

因为两个 O 不能连在一起，所以考虑两种单独的情况。设长度为 n 时的 x[n]=a[n]+b[n]，其中，a[n]代表长度为 n 时末尾为 O 的情况总和，b[n]代表长度为 n 时末尾不为 O 的情况总和。

那么分情况讨论：

当长度为 n，末尾为 O 时，再加一个单位的长度有两种加法，即 E,F。

当长度为 n，末尾不为 O 时，再加一个单位的长度有 3 种加法，即 E,O,F。

所以 x[n+1]=a[n+1]+b[n+1]=2*a[n]+3*b[n]=2*x[n]+b[n]。

而 b[n]又由 x[n−1]推来，x[n−1]=a[n−1]+b[n−1]，在长度为 n−1 且末尾为 O 时，要将它变成长度为 n 且末尾不为 O 有两种方法（E,F），即 2*a[n−1]。

同理，在长度为 n−1 且末尾不为 O 时，要将它变成长度为 n 且末尾不为 O 有两种方法(E,F)，即 2*b[n−1]。

所以 x[n+1]=2*x[n]+b[n]=2*x[n]+2*x[n−1]。

【参考代码】

```
1. #include <stdio.h>
2.
3. int main()
4. {
5.     arr[1]=3;
6.     arr[2]=8;
7.     for(int i=3;i<N;i++) arr[i]=2*arr[i-1]+2*arr[i-2];
8.     int n;
9.     while(~scanf("%d",&n))
10.     {
11.         printf("%lld\n",arr[n]);
12.     }
13.     return 0;
14. }
```

【题面描述 3（HDU 2045）】

著名的 RPG 难题如下。

有排成一行的 n 个方格，用红（Red）、粉（Pink）、绿（Green）3 色涂每个格子，每格涂一色，要求任何相邻的方格不能同色，且首尾两格也不同色，求全部满足要求的涂法。

【输入】

输入数据包含多个测试实例，每个测试实例占一行，由一个整数组(0，50]组成。

【输出】

对于每个测试实例，请输出全部满足要求的涂法，每个实例的输出占一行。

【Sample Input】

1

2

【Sample Output】

3

6

【思路分析】

与例题 2 类似，当长度为 n 时，满足要求的涂法为 x[n]，设 3 种颜色为 A、B、C，由 x[n]推出 x[n+1]。

若长度为 n 时，序列为 ABC…BAC，那么在后面加一个，只有一种加法，因为既要与开头不一样又要与末尾不一样，所以只能加 B，因此从 n 变为 n+1 只有一种方法。

然而，还有种情况忽略了，就是当长度为 n−1 时，序列为 ABC…CB 时，若在其后加一个 A 变成 ABC…CBA 是不符合题意的，但可以在后面加两个让其变得有意义，如 ABC…CBAC 或者 ABC…CBAB，可得出从 n−1 变为 n+1 有两种方法。所以，可以推出公式 x[n]=x[n−1]+2*x[n−2]。

【参考代码】

```
1. #include <stdio.h>
2.
3. int main()
4. {
5.     arr[1]=3;
6.     arr[2]=arr[3]=6;
7.     for(int i=4;i<N;i++)
8.     {
9.         arr[i]=arr[i-1]+2*arr[i-2];
10.     }
11.     int n;
12.     while(~scanf("%d",&n))
13.     {
14.         printf("%lld\n",arr[n]);
15.     }
16.     return 0;
17. }
```

【习题推荐】

HDU.2044

HDU.2049

HDU.2050

2.4 贪心

贪心算法是指在对问题求解时，总是选取当前最优策略的算法，其不是从整体上考虑，而是从某种意义上得到局部的最优解。使用贪心算法时，一定要保证无后效性，即当前选择的状态不会对以后的状态产生影响。求解时，把问题分为若干个子问题，对每个子问题进行求解，得到子问题的局部最优解，因为其满足无后效性，局部最优能导致全局最优。

2.4.1 从局部分析

【题面描述 1（HDU1789）】

Ignatius 有很多作业要做，每门作业都有一个最迟期限，如果没有在最迟期限内完成，就会扣除相应的分数。假设做每门作业都要一天的时间，你能帮他规划出扣分最少的做作业顺序吗？

【输入】

输入包含多组测试。输入的第一行为一个数 T，表示测试组数，接下来包括 T 组测试数据，每组测试数据的第一行为一个整数 N（$1 \leqslant N \leqslant 1000$），表示作业门数，接下来有两行，第一行有 N 个数字，分别表示每门作业的最迟期限，第二行有 N 个数字，分别表示未完成作业扣除的相应分数。

【输出】

对于每组测试数据，输出扣除的最少分数，每行对应一个数据答案。

【Sample Input】

3

3

3 3 3

10 5 1

3

1 3 1

6 2 3

7

1 4 6 4 2 4 3

3 2 1 7 6 5 4

【Sample Output】

0

3

5

【思路分析】

题目中求解扣除的最少分数，那么从分数下手，优先完成分数高的作业，所以将作业按照分数进行排序，其次考虑怎样安排顺序。用样例 3 来分析，假如第一天做了分数为 3 的作业，第二天做了分数为 6 的作业，第三天做了分数为 4 的作业，那么第四天会选择分数更高的 7 来完成作业，若这样安排，扣除的分数为 7，很明显不是最优。其实可以把第三天的时间用来做分数为 5 的作业，第一天拿来做分数为 4 的作业，这样就能达到最优，所以我们不能正向考虑，应该把时间用来做尽可能分数高的作业，直接按照时间从大到小进行枚举，判断在最迟期限前是否能完成它，需要用到一个标记数组来辅助判断该天是否已被占用。

【参考代码】

```
1. #include <iostream>
2. #include <cstdio>
3. #include <cstring>
4. #include <algorithm>
5. using namespace std;
6.
7. const int N = 1010;
8.
9. struct Work{
10.     int time;
11.     int score;
12.     friend bool operator < (const Work &a, const Work &b)
13.     {
14.         return a.score > b.score;      //时间按照从大到小排序
15.     }
16. }work[N];
```

```
17.
18. bool done[N];
19.
20. int main()
21. {
22.     int T;
23.     scanf("%d",&T);
24.     while(T--)
25.     {
26.         int n;
27.         scanf("%d",&n);
28.         for(int i=1;i<=n;i++)  scanf("%d",&work[i].time);
29.         for(int i=1;i<=n;i++)  scanf("%d",&work[i].score);
30.
31.         sort(work+1,work+1+n);
32.
33.         int ans = 0;
34.         memset(done,false,sizeof(done));
35.         for(int i=1;i<=n;i++)
36.         {
37.             if(done[work[i].time])   //如果最迟期限那天被占用了
38.             {
39.                 int x = work[i].time;
40.                 while(x && done[x]) x--;  //向前枚举，寻找是否有空闲天
41.                 if(x) done[x] = true;  //如果找到，标记这天已被占用
42.                 else ans += work[i].score; //否则，表示这门作业无法完成
43.             }
44.             else done[work[i].time] = true; //如果最迟期限没被占用，
则在当天完成该作业
45.         }
46.         printf("%d\n",ans);
47.     }
48.     return 0;
49. }
```

2.4.2 根据不等式确定贪心策略

【题面描述 2（POJ 3262）】

农夫去砍柴，留下了 N（$2 \leqslant N \leqslant 100\ 000$）头牛吃草，等农夫砍柴回来发现所有的牛在花园中破坏花朵。农夫决定依次把每头牛牵回牛棚，但在这个过程中，其他仍留在花园中的牛会继续破坏花朵，牵一头牛回牛棚的单程时间为 Ti（$1 \leqslant Ti \leqslant 2,000,000$），牛在花园中每分钟破坏花朵数为 Di（$1 \leqslant Di \leqslant 100$）。请编写

一段程序，决定牵牛回牛棚的顺序以保证破坏的总花朵数最少。

【输入】

第一行：一个整数 N

第二行到第 $N-1$ 行：每一行包括两个整数，分别表示为 Ti 和 Di。

【输出】

输出一个数字表示被破坏的最少花朵数。

【Sample Input】

6

3 1

2 5

2 3

3 2

4 1

1 6

【Sample Output】

86

【思路分析】

因为牵一头牛的单程时间是 Ti，当把一头牛牵到牛棚再回来牵第二头牛的时间为 2*Ti，假设两头牛分别为 Cow$X$、Cow$Y$，分别对应 CowXt、CowXd、CowYt、CowYd。

如果先牵 Cow$X$，那么被破坏的花朵数为 2*CowXt*CowYd。

如果先牵 Cow$Y$，那么被破坏的花朵数为 2*CowYt*CowXd。

对于上面两个式子同时除以 2*CowXt*CowYt；可以分别得到 CowYd/CowYt，CowXd/CowXt。

那么当 CowYd/CowYt < CowXd/CowXt 时，表示先牵 Cow$X$ 更优，反之则牵 Cow$Y$ 更优，综上把每头牛的 Di 和 Ti 相除按照从大到小的顺序排序，再枚举可求值。

【参考代码】

```
1. #include <iostream>
2. #include <cstdio>
3. #include <cstring>
4. #include <algorithm>
5. using namespace std;
```

```
 6. typedef long long LL;
 7. const int N = 100000 + 100;
 8. struct Node
 9. {
10.     int t,d;
11.     friend bool operator < (const Node a,const Node b)
12.     {
13.         return 1.0*a.d/a.t > 1.0*b.d/b.t;
14.     }
15. }arr[N];
16. int main()
17. {
18.     int n;
19.     while(~scanf("%d",&n))
20.     {
21.         LL sumd = 0;
22.         for(int i=1;i<=n;i++) scanf("%d %d",&arr[i].t, &arr[i].d),
sumd += arr[i].d;
23.         sort(arr+1,arr+1+n);
24.         LL ans = 0;
25.         for(int i=1;i<=n;i++)
26.         {
27.             sumd -= arr[i].d;
28.             ans += arr[i].t *2 * sumd;
29.         }
30.         cout << ans<<endl;
31.     }
32.     return 0;
33. }
```

2.5 二分

二分搜索又称为折半搜索。使用二分时，要确保数列是具有有序性的，通过比较中间值，不断将搜索范围缩小为原来的一半，大大缩短了查找的时间，其时间复杂度为 $O(\log^n)$。

2.5.1 从有序数组中查找值

在算法竞赛中，二分使用的频率十分广泛，常见的二分问题包括：判断某个值是否出现在数组中，如果出现则求出坐标；找出第一个比 X 值大的数的坐标；

X 值第一次出现在数组中的位置等。这些问题都可以统称为“从有序数组中查找值”，求解的过程大致相似，区别在于二分的迭代条件不同，需要根据具体的情况调整。

【题面描述 1】

一个长度为 N 的有序且不重复的数组，请判断数字 X 是否出现在数组中。

【输入】

第一行两个整数 N（$1 \leqslant N \leqslant 1000$）和 X，第二行 N 个数，按照从小到大的顺序。

【输出】

如果 X 出现在数组中，请输出 X 的下标，否则输出-1（数组下标从 1 开始）。

【Sample Input】

6 5

1 2 4 5 8 11

【Sample Output】

4

【思路分析】

用图示来表示二分的过程，如图 2-1 所示。

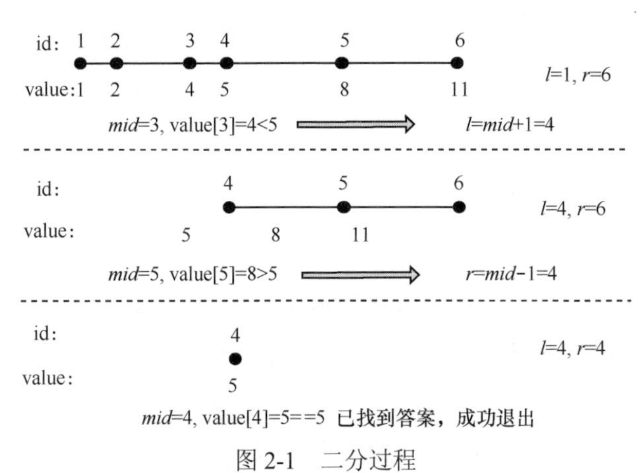

图 2-1　二分过程

从图 2-1 中可以看出二分的过程：先找到搜索区间[l,r]，然后对比 mid 位置的值与待查找值的大小。当 value[mid]大于待查找的值时，说明待查找的值位于[l,mid−1]内；当 value[mid]小于待查找的值时，说明待查找的值位于[mid+1,r]内；若二者值相等，则成功匹配。

【参考代码】

```
1. #include <iostream>
2. #include <cstdio>
3. #include <algorithm>
4. using namespace std;
5.
6. const int N = 1010;
7. int a[N];
8.
9. int main()
10. {
11.     int n,x;
12.     scanf("%d %d",&n,&x);
13.     for(int i=1;i<=n;i++) scanf("%d",&a[i]);
14.     int ans = -1;
15.     int l = 1, r = n;
16.     while(l<=r)
17.     {
18.         int mid = (l+r)/2;
19.         if(x==a[mid])
20.         {
21.             ans = mid;
22.             break;
23.         }
24.         else if(x>a[mid]) l = mid+1;
25.         else r = mid-1;
26.     }
27.     printf("%d\n",ans);
28.     return 0;
29. }
```

【题面描述 2（HDU 2578）】

有 n 个数和一个整数 K，从这 n 个数中找出两个数，使这两个数的和为 K，请问有多少组数满足该条件（两个数的位置不同也算一种情况）。

【输入】

第一行，一个整数 T，表示有 T 组数据。

第二行，两个整数，分别为 N，K，$n(2\leqslant n\leqslant 100000)$, $k(0\leqslant k<2^{31})$。

第三行，N 个数。

【输出】

对于每组数据，输出这个问题的解。

【Sample Input】

2

5 4

1 2 3 4 5

8 8

1 4 5 7 8 9 2 6

【Sample Output】

3

5

【思路分析】

此题可以枚举这 N 个数，对于枚举的数 X，判断 $K-X$ 是否存在于数组中，由于 K 值范围较大，建立相应的 hash 表可能超出内存，于是就转化为经典的二分问题，二分时要先将数组排序。

【参考代码】

```
1. #include<stdio.h>
2. #include<algorithm>
3. #define INF 0x3f3f3f3f
4. using namespace std;
5. int a[100005],n,k;
6. int judge(int l,int r,int x)
7. {
8.     while(l<=r)
9.     {
10.         int mid=(l+r)/2;
11.         if(a[mid]+x==k)
12.             return 1;
13.         else
14.         {
15.             if(a[mid]+x>k)
16.                 r=mid-1;
17.             else
18.                 l=mid+1;
19.         }
20.     }
21.     return 0;
22. }
23. int main()
24. {
25.     int t;
```

```
26.     scanf("%d",&t);
27.     while(t--)
28.     {
29.         int ans=0;
30.         scanf("%d%d",&n,&k);
31.         for(int i=1; i<=n; i++)
32.             scanf("%d",&a[i]);
33.         a[0]=-INF;
34.         sort(a,a+n+1);
35.         for(int i=1; i<=n; i++)
36.         {
37.             if(a[i]>k||a[i]==a[i-1])
38.                 continue;
39.           if(judge(1,n,a[i]))//从a[1]到a[n]中查找与a[i]相加符合条件的
40.                 ans++;
41.         }
42.         printf("%d\n",ans);
43.     }
44.     return 0;
45. }
```

在C++的标准库中，有两个二分函数：upper_bound()和lower_bound()。两个函数的用法类似，在一个左闭右开的有序区间中进行二分查找，需要查找的值由第3个参数给出。

对于upper_bound来说，返回的是被查序列中第一个大于查找值的指针，即返回指向被查值>查找值的最小指针；lower_bound则是返回被查序列中第一个大于等于查找值的指针，即返回指向被查值≥查找值的最小指针。例如，map中已经插入了1，2，2，3，4， lower_bound(2)返回的是map[1] = 2，而upper_bound（2）返回的是map[3] = 3。

```
1. #include <iostream>
2. #include <algorithm>//必须包含的头文件
3.
4. using namespace std;
5.
6. int main()
7. {
8.   int point[10] = {1,2,2,3,4};
9.   int pos1 = upper_bound(point, point+5, 2) - point;
10.   int pos2 = lower_bound(point, point+5, 2) - point;
11.   cout << pos1 << "  "<< pos2 << endl;
12.   cout << point[pos1] << "  " << point[pos2] <<endl;
13.   return 0;
14. }
```

输出为

3　1

3　2

2.5.2　“最小值最大化”问题

【题面描述 3（POJ2456）】

在一条水平线上有 N（$2 \leqslant N \leqslant 100\ 000$）个牛棚，每个牛棚都有一个坐标，把 C（$2 \leqslant C \leqslant N$）头牛分别拴在这些牛棚中，由于这些牛易怒，所以尽可能把它们隔得远些。已知每两头相近的牛之间都有一定距离，求出两头牛之间最大的最小距离。

【输入】

第一行：两个正整数，分别为 N 和 C。

第二行到第 N+1 行：一个整数，表示牛棚 i 的坐标。

【输出】

只输出一个整数，表示相邻两头牛间最大的最小距离。

【Sample Input】

5　3

1

2

8

4

9

【Sample Output】

3

【思路分析】

参考样例，有 5 个牛棚，3 头牛。把 1 号牛放在 1 位置，2 号牛放在 4 位置，3 号牛放在 8 位置（或 9 位置），那么相邻的距离为 3 和 4（或 5），它们的最小值为 3，同时这个 3 也为最大的最小值，因为没有任何一种放法比这种放法的最小值更大。

这种“最小值最大化”的问题是典型的二分题目，它的步骤一般如下。

① 将要处理的序列从小到大 sort 一次。

② 求出最小值能取的范围为[0，arr[n]−arr[1]]。即最小值最小为 0，最大可取的最小值为 arr[n]−arr[1]。

③将最小值可取的这个范围进行二分。

将最小值在该范围内二分时，就相当于一个普通的二分题目，即求“在一定范围内，满足条件的最大值”。判断是否满足条件时，将 mid 值代入题目，枚举牛在牛棚的位置即可。

【参考代码】

```
1. #include <iostream>
2. #include <cstdio>
3. #include <cstring>
4. #include <cmath>
5. #include <algorithm>
6. using namespace std;
7.
8. typedef long long LL;
9. const int N = 100000 + 100;
10. LL arr[N];
11. int n,c;
12. bool check(LL x)
13. {
14.     LL tmp = arr[0] + x;
15.     int cnt = 1;
16.     for(int i=1;i<n;i++)
17.     {
18.         if(arr[i]>=tmp)
19.         {
20.             cnt++;
21.             tmp = arr[i] + x;
22.             if(cnt==c) return true;
23.         }
24.     }
25.     return false;
26. }
27.
28. int binsearch(LL l,LL r)
29. {
30.     LL mid;
31.     while(l<=r)
32.     {
33.         mid = (l+r)/2;
34.         if(check(mid))  l = mid +1;
```

```
35.         else r = mid-1;
36.     }
37.     return l-1;
38. }
39. int main()
40. {
41.     scanf("%d %d",&n,&c);
42.     for(int i=0;i<n;i++)
43.     {
44.         scanf("%lld",&arr[i]);
45.     }
46.     sort(arr,arr+n);
47.     printf("%d\n",binsearch(0,arr[n-1]-arr[0]));
48.     return 0;
49. }
```

当然，“最大值最小化问题”跟“最小值最大化问题”类似，区别是二分最大值的范围，判断是否满足题意。

【题面描述 4】

把一个包含 n 个正整数的序列划分成 m 个连续的子序列。设第 i 个序列的各数之和为 $S(i)$，求所有 $S(i)$的最大值最小是多少？

例如，序列[1 2 3 2 5 4]划分为 3 个子序列的最优方案为[1 2 3][2 5][4]，其中 $S(1)$,$S(2)$,$S(3)$分别为 6，7，4，那么最大值为 7； 如果划分为[1 2][3 2][5 4]，则最大值为 9，不是最小。

【输入】

第一行：两个正整数，分别为 n 和 m。

第二行：n 个正整数，表示该序列。

【输出】

只输出一个整数，表示最小的子序列和。

【Sample Input】

6 3

1 2 3 2 5 4

【Sample Output】

7

【思路分析】

这是一道典型的“最大值最小化问题”，首先找到最大值的取值范围为[数列中最值，数列的和]；然后在该范围内进行二分，判断在当前最大值的情况下是否

可以将数列分为 m 个子序列。

【参考代码】

```
1. #include <stdio.h>
2. #include <iostream>
3. #include <algorithm>
4.
5. using namespace std;
6. const int N = 100000;
7. int A[N],n,m;
8.
9. //是否能把序列划分为每个序列之和不大于 x 的 m 个子序列
10. bool is_part(int x)
11. {
12.     //每次往右划分，划分完后，所用的划分线不大于 m-1 个即可
13.     int line = 0, s = 0;
14.     for(int i = 0;i < n; i++)
15.     {
16.         if(s+A[i] > x)  //和大于 x，不能再把当前元素加上了
17.         {
18.             line++;     //加一条分隔线
19.             s = A[i];
20.             if(line > m-1)  //分隔线已经超过 m-1 条
21.                 return false;
22.         }
23.         else
24.         {
25.          s+=A[i];   //把当前元素与前面的元素连上，以便尽量往右划分，贪心到底
26.         }
27.     }
28.     return true;
29. }
30.
31. int binary_solve(int l,int r)
32. {
33.     while (l < r)
34.     {
35.         int m = (l + r)/2;
36.         if (is_part(m)) r = m;
37.         else l = m + 1;
38.     }
39.     return r;
40. }
41.
42. int main()
43. {
```

```
44.     scanf("%d %d",&n,&m);
45.     int l = -1, r = 0;
46.     for(int i=0;i<n;i++)
47.     {
48.         scanf("%d",&A[i]);
49.         l = max(l,A[i]);
50.         r += A[i];
51.     }
52.     printf("%d\n",binary_solve(l,r));
53.     return 0;
54. }
```

【习题推荐】

POJ.1328

POJ.2109

POJ.2586

第3章 基础数学

3.1 最大公约数

由贝祖定理可以知道最大公约数的求法：$\gcd(a,b)=\gcd(b,a-b),a\geqslant b$，但当$a$和$b$数值差距很大时，会做很多次减法运算，耗时过长，于是一般使用欧几里得算法求最大公约数。欧几里得算法又称为辗转相除法，它的原理是两个整数的最大公约数等于其中较小的那个数和两数相除余数的最大公约数，表达为$\gcd(a,b)=\gcd(b,a\%b),a\geqslant b\ \&\ b\neq 0$，时间复杂度大致为$\log(a+b)$。

例如，求42和4的最大公约数用欧几里得算法是这样实现的：$\gcd(42,4)=\gcd(4,42\%4)=\gcd(4,2)=\gcd(2,4\%2)=\gcd(2,0)=2$。

求最大公约数的代码如下。

```
1. int  gcd(int a,int b)
2. {
3.      return b==0 ? a : gcd(b, a%b);
4. }
```

与最大公约数对应的概念为最小公倍数，最小公倍数的符号为$lcm(a,b)$，二者的关系为$lcm(a,b)=\dfrac{a*b}{\gcd(a,b)}$，那么求最小公倍数的代码如下。

```
1. int  lcm(int a, int b)
2. {
```

```
3. return a*b/gcd(a,b);
4. }
```

【题面描述 （HDU 2504）】

有 3 个正整数 a，b，c（$0<a$，b，$c<10^6$），其中，c 不等于 b。若 a 和 c 的最大公约数为 b，现已知 a 和 b，求满足条件的最小的 c。

【输入】

第一行输入一个 n，表示有 n 组测试数据，接下来的 n 行，每行输入两个正整数 a，b。

【输出】

输出对应的 c，每组测试数据占一行。

【Sample Input】

2

6　2

12　4

【Sample Output】

4

8

【思路分析】

这题是个简单的枚举求最大公约数的问题，a，c 的最大公约数为 b，给出了 a，b，直接在（a，b）的范围中枚举是否出现 gcd(a，c)=b。

【参考代码】

```
1. #include <iostream>
2. #include <cstdio>
3. #include <cstring>
4. #include <algorithm>
5. using namespace std;
6.
7. int gcd(int a,int b)
8. {
9.      return b==0 ? a: gcd(b,a%b);
10. }
11. int main()
12. {
13.     int n;
14.     scanf("%d",&n);
15.     while(n--)
16.     {
```

```
17.         int a,b;
18.         scanf("%d %d",&a,&b);
19.         for(int c=2*b;c<a;c+=b)
20.         {
21.
22.             if(gcd(a,c)==b)
23.             {
24.                 printf("%d\n",c);
25.                 break;
26.             }
27.         }
28.     }
29.     return 0;
30. }
```

【习题推荐】

HDOJ.1019

HDOJ.1108

3.2 素数

3.2.1 判断素数

素数又称为质数，是除了 1 和它本身外，不能被其他自然数整除的数。通过这个性质，我们可以判断一个数是否为素数。

```
1. bool IsPrime(int x)
2. {
3.     for(int i=2;i<sqrt(x);i++)
4.     {
5.         if(x%i==0) return false;
6.     }
7.     return true;
8. }
```

从 2 开始枚举，枚举上限为 sqrt(x)，因为 $x = a * b(a < b)$，当检验到 $x\%a == 0$ 时，其实也把 b 这个值检验了，所以只用枚举 a 的范围，a 最小为 2，最大为 sqrt(x)，这样算法速度快了不止一倍。

3.2.2　筛素数

如果想要得到自然数 n 以内所有的素数，可以通过枚举 n 以内的每个数再检验其是否是素数，但是当 n 很大时，时间复杂度显然增大，且这种方法略显笨拙。埃氏筛法是一种可以快速得到 n 以内素数表的算法，其思路大致如下。

假设筛选 18 以内的素数，如下。

2	3	4	5	6	7	8	9	10	11	12	13	14	15	16	17	18

此刻最小的数为 2，则 2 为素数，剔除掉除 2 以外所有 2 的倍数，如下。

2	3		5		7		9		11		13		15		17	

此刻黑色数字中，最小的数为 3，则 3 为素数，剔除掉除 3 以外所有 3 的倍数，如下。

2	3		5		7				11		13				17	

此刻黑色数字中，最小的数为 5，则 5 为素数，剔除掉除 5 以外所有 5 的倍数，如下。

2	3		5		7				11		13				17	

此刻黑色数字中，最小的数为 7，则 7 为素数，剔除掉除 7 以外所有 7 的倍数，如下。

2	3		5		7				11		13				17	

此刻黑色数字中，最小的数为 11，则 11 为素数，剔除掉除 11 以外所有 11 的倍数，如下。

2	3		5		7				11		13				17	

此刻黑色数字中，最小的数为 13，则 13 为素数，剔除掉除 13 以外所有 13 的倍数，如下。

2	3		5		7				11		13				17	

此刻黑色数字中，最小的数为 17，则 17 为素数，剔除掉除 17 以外所有 17 的倍数，如下。

2	3		5		7				11		13				17	

则 18 以内的素数为 2，3，5，7，11，13，17。

其代码如下。

```
1. bool isprime[N];         //判断是否为素数
2.
3. void Eratosthenes(int maxn) //筛[0,maxn]以内的素数
4. {
5.     memset(isprime, true, sizeof(isprime));
6.     isprime[0] = isprime[1] = false;
7.     for (int i=2; i<maxn; ++i)
8.     {
9.         if (isprime[i])
10.        {
11.            for (int j=2*i; j<=maxn; j+=i)
12.            {
13.                isprime[j] = false;
14.            }
15.        }
16.     }
17.     return;
18. }
```

由于每个数可能有很多除了 1 和它本身之外的因数，因此在埃氏筛法中，每个合数都可能被筛去多次。要使算法的时间复杂度为线性，那么要求每个合数都只被筛去一次。快速线性筛法的原理是利用每个数的最小素因子来筛素数。每个数的最小素因子只有一个，这就使每个合数都只可能被筛去一次，大大提高了筛法的效率。值得一提的是，在快速筛法的代码实现中，开素数表的空间是必要的，因为筛素数需要利用已经筛出来的素数表。

```
1. bool isprime[N];          //判断是否为素数
2. int primes[N], pn;        //素数表及素数个数
3.
4. void FastSieve(int maxn)    //筛区间[0,maxn]的素数
5. {
6.     memset(isprime, true, sizeof(isprime));
7.     isprime[0] = isprime[1] = false;
8.     pn = 0;
9.     for (int i=2; i<=maxn; ++i)
10.     {
11.        if (isprime[i]) primes[pn++] = i;
12.        for (int j=0; j<pn; ++j)
13.        {
14.            if (i * primes[j] >= maxn) break;    //判断是否越界
15.            isprime[i * primes[j]] = false;
16.        if (i % primes[j] == 0) break;     //利用最小素因子筛素数的关键
17.        }
```

```
18.     }
19.     return;
20. }
```

快速线性筛法是外层循环枚举倍数，内层循环枚举素数，然后通过“素数×倍数=合数”来筛素数。由于采用最小素因子来筛素数，因此要保证枚举的素数是合数的最小素因子。如果倍数没有比素数更小的素因子，那么合数的最小素因子就是素数。在快速线性筛法代码实现的关键代码中，如果 i % primes[j] == 0，说明当前 primes[j]是 i 的最小素因子。由于素因子的枚举是从小到大的，因此如果不中断继续循环后倍数 i 就有了比素数 primes[j]更小的素因子。

【题面描述】

把一个偶数拆成两个不同素数的和，有几种拆法？

【输入】

每行一个正偶数，其值不超过 10000。

遇到 0，则结束。

【输出】

对应每个偶数，输出其拆成不同素数的个数，每个结果占一行。

【Sample Input】

30

26

0

【Sample Output】

3

2

【思路分析】

首先要做个预处理，把 1×10^4 以内的素数全部筛选出来，然后进行枚举，枚举到该偶数的一半即可。Isprime 数组和 primes 数组的组合使用，更方便了解题面。

【参考代码】

```
1. #include <iostream>
2. #include <cstdio>
3. #include <algorithm>
4. #include <cstring>
5. #include <math.h>
6. using namespace std;
```

```
7.
8. const int N = 1e4 + 100;
9. bool isprime[N];
10. int primes[N],pn;
11.
12. void FastSieve(int maxn)
13. {
14.     memset(isprime, true, sizeof(isprime));
15.     isprime[0] = isprime[1] = false;
16.     pn = 0;
17.     for (int i=2; i<=maxn; ++i)
18.     {
19.         if (isprime[i]) primes[pn++] = i;
20.         for (int j=0; j<pn; ++j)
21.         {
22.             if (i * primes[j] >= maxn) break;
23.             isprime[i * primes[j]] = false;
24.             if (i % primes[j] == 0) break;
25.         }
26.     }
27.     return;
28. }
29.
30. int main()
31. {
32.     FastSieve(1e4);
33.     int n;
34.     while(scanf("%d",&n)!=EOF && n!=0)
35.     {
36.         int ans = 0;
37.         for(int i=0;i<pn;i++)
38.         {
39.             if(primes[i]*2>=n) break;
40.             if( isprime[n-primes[i]] ) ans++;
41.         }
42.         printf("%d\n",ans);
43.     }
44.     return 0;
45. }
```

【习题推荐】

HDOJ.2161

POJ.3048

HDOJ.5750

3.3 欧拉函数

欧拉函数也称为欧拉 phi 函数，写作$\phi(x)$。欧拉函数的定义为：对于正整数 n，它的欧拉函数值是不大于 n 的正整数中与 n 互质的正整数的个数。根据定义，可以得到求某个数欧拉值的代码如下。

```
1. int Phi(int x)
2. {
3.     int ans = 0;
4.     for(int i=1;i<=x;i++)
5.     {
6.         if(gcd(i,x)==1) ans++;
7.     }
8.     return ans;
9. }
```

不难看出，这种方法的时间复杂度为$O(n\log n)$。然而在数论上，求解欧拉函数存在以下公式。

$$\phi(n)=n\left(1-\frac{1}{p1}\right)\left(1-\frac{1}{p2}\right)\left(1-\frac{1}{p3}\right)\cdots\left(1-\frac{1}{pk}\right)$$

也可写为

$$phi(n)=n\frac{p1-1}{p1}\frac{p2-1}{p2}\frac{p3-1}{p3}\cdots\frac{pk-1}{pk}$$

其中，$p1,p2,p3,\cdots,pk$ 为 n 分解出的不同的质因数。

根据此公式，可以得到求某个数欧拉值的另一种方法，如下。

```
1. int Phi(int x)
2.   {
3.       int ans = x;
4.       int cnt = sqrt(x + 0.5) + 1;
5.       for (int i=2; i<cnt; ++i)
6.       {
7.           if (x % i == 0)
8.           {
9.            ans -= ans / i;      //由 ans = ans * (i - 1) / i; 化简而来
10.               while (x % i == 0) x /= i;
11.           }
12.           if (x == 1) break;
13.      }
```

```
14.       if (x > 1) ans -= ans / x;
15.       return ans;
16.   }
```

在该算法中，时间复杂度为 $O(sqrt(n))$，相对于普通暴力求解来说，大大降低了时间复杂度。欧拉函数还存在以下性质。

- $\varphi(1)=1$。
- 如果 $n=p^k$ 且 p 为素数，那么 $\varphi(n)=p^k-p^{(k-1)}=(p-1)p^{k-1}$。
- 由以上定义可以推导出欧拉函数的递推公式为：令 p 是 n 的最小质因数，如果 p^2 能整除 n，那么 $\varphi(n)=\Phi\left(\frac{n}{p}\right)(p-1)$。

往往有些时候，我们不仅需要求得单独的某个欧拉函数值，而且求得欧拉函数表，这个时候根据欧拉函数公式以及欧拉函数值的定义使用筛法求出欧拉函数表，如同筛素数表一样，同样有埃氏筛和线性筛两种筛法。

埃氏筛求欧拉函数表的原理是利用欧拉函数公式，时间复杂度为 $O(n\log n)$，只需要开一个 phi 数组，代码如下。

```
1.  int phi[N];
2.
3.   void GetPhi(int maxn)       // 求[0,maxn)内的phi表
4.   {
5.       memset(phi, 0, sizeof(phi));
6.       phi[1] = 1;
7.       for (int i=2; i<maxn; ++i)
8.       {
9.           if (!phi[i])    // 满足该条件为素数
10.            {
11.               for (int j=i; j<maxn; j+=i)
12.               {
13.                   if (!phi[j]) phi[j] = j;
14.                phi[j] -= phi[j] / i;      // 由 phi[j] = phi[j] / i *
(i - 1); 化简而来
15.               }
16.           }
17.       }
18.       return;
19.   }
```

线性筛求欧拉函数表的原理是利用欧拉函数递推式，时间复杂度为 $O(n)$，除了必要的 phi 数组，还需要开 isprime 和 primes 数组，代码如下。

```
1. bool isprime[N];
2. int primes[N], pn;
```

```
3. int phi[N];
4.
5.  void FastPhi(int maxn)      // 求[0, maxn]的phi表以及素数表等
6.  {
7.      memset(isprime, true, sizeof(isprime));
8.      isprime[0] = isprime[1] = false;
9.      phi[1] = 1;
10.      pn = 0;
11.      for (int i=2; i<=maxn; ++i)
12.      {
13.          if (isprime[i])
14.          {
15.              primes[pn++] = i;
16.              phi[i] = i - 1;     // 欧拉函数值的定义第二条
17.          }
18.          for (int j=0; j<pn; ++j)
19.          {
20.              if (i * primes[j] > maxn) break;
21.              isprime[i * primes[j]] = false;
22.              if (i % primes[j] == 0)
23.              {
24.              phi[i * primes[j]] = phi[i] * primes[j]; // 欧拉函数递
推式
25.                  break;
26.              }
27.          phi[i * primes[j]] = phi[i] * (primes[j] - 1);// 欧拉函
数递推式
28.          }
29.      }
30.      return;
31.  }
```

【题面描述 1（POJ 2478）】

数列 F_n 的定义为：对于每个正整数 $n(n \geqslant 2)$，满足 $0<a<b \leqslant n$ 且 $\gcd(a,b)=1$ 的不可约有理数 $\frac{a}{b}$ 的个数。例如：

$F_2=\left\{\frac{1}{2}\right\}$；

$F_3=\left\{\frac{1}{3},\frac{1}{2},\frac{2}{3}\right\}$；

$F_4=\left\{\frac{1}{4},\frac{1}{3},\frac{1}{2},\frac{2}{3},\frac{3}{4}\right\}$；

$$F_5=\left\{\frac{1}{5},\frac{1}{4},\frac{1}{3},\frac{2}{5},\frac{1}{2},\frac{3}{5},\frac{2}{3},\frac{3}{4},\frac{4}{5}\right\}。$$

你的任务是计算 F_n。

【输入】

多组测试。每组测试只有一行，每行为一个正整数，表示为 $n\left(2\leqslant n\leqslant 10^6\right)$。当输入 0 时结束测试。

【输出】

对于每个测试，输出一行。

【Sample Input】

2

3

4

5

0

【Sample Output】

1

3

5

9

【思路分析】

此题题意相当于找小于 $n(n\geqslant 2)$ 的互质组数，可以转化为求 $sum\left(\varphi(i)\right),\left(2\leqslant i\leqslant n\right)$。由于此题为多组输入，若每个 n 都重新计算 $\varphi(2),\varphi(3),\varphi(4),\varphi(5),\cdots,\varphi(n)$，无疑进行了多次重复计算，增加了时间复杂度，故在测试开始前，进行欧拉函数打表即可。

【参考代码】

```
1. #include<iostream>
2. #include<cstdlib>
3. #include<cstdio>
4. #include<cstring>
5. #include<algorithm>
6. #include<cmath>
7. using namespace std;
8.
```

```
9. const int N = 1e6 + 100;
10. bool isprime[N];
11. int primes[N], pn;
12. int phi[N];
13.
14. void FastPhi(int maxn)      // 求[0, maxn]的phi表以及素数表等
15. {
16.     memset(isprime, true, sizeof(isprime));
17.     isprime[0] = isprime[1] = false;
18.     phi[1] = 1;
19.     pn = 0;
20.     for (int i=2; i<=maxn; ++i)
21.     {
22.         if (isprime[i])
23.         {
24.             primes[pn++] = i;
25.             phi[i] = i - 1;     // 欧拉函数值的定义第二条
26.         }
27.         for (int j=0; j<pn; ++j)
28.         {
29.             if ((__int64)i * primes[j] > maxn) break;
30.             isprime[i * primes[j]] = false;
31.             if (i % primes[j] == 0)
32.             {
33.                 phi[i * primes[j]] = phi[i] * primes[j];
34.                 break;
35.             }
36.             phi[i * primes[j]] = phi[i] * (primes[j] - 1);
37.         }
38.     }
39.     return;
40. }
41.
42. int main()
43. {
44.     FastPhi(N);
45.     int n ;
46.     while ( cin >> n  , n )
47.     {
48.         __int64 sum = 0 ;
49.         for ( int i = 2 ; i <= n ; i ++ )
50.             sum += phi [i] ;
51.         cout<<sum<<endl;
52.     }
53.     return 0;
54. }
```

【题面描述 2（LightOJ 1370）】

撑竿跳在 Xzhiland 是一项大众化的运动。而 Phi-shoe 大师是非常受欢迎的教练。他需要一些竹子给他的学生，所以让助理 Bi-Shoe 去市场买。市场上有大于等于 2 的任意整数长度的竹子（是的！）。根据 Xzhila 传统，竹子分数=ϕ（竹子的长度）。ϕ（n）= 相对于素数（n 除 1 之外没有公约数）的小于 n 的数字。所以，长度为 9 的竹子的得分为 6，因为 1,2,4,5,7,8 与 9 相对。

助理 Bi-Shoe 必须为每个学生购买一支竹子。作为一个转折点，Phi-shoe 每个撑竿跳高的学生都有一个幸运数字。Bi-Shoe 希望购买的每只竹子的得分大于或等于学生的幸运数字，且 Bi-Shoe 希望尽量减少购买竹子花费的总金额。一个单位的竹子花费 1 Xukha。

【输入】

输入包含一个整数 $T(T \leqslant 100)$，表示测试组数。每组测试数据包括两行。

第一行：一个整数 $n(1 \leqslant n \leqslant 10000)$，表示 n 个学生。

第二行：n 个正整数，表示每个学生的幸运数字 $a_i\left(1 \leqslant a_i \leqslant 1 \times 10^6\right)$。

【输出】

对于每组测试数据，输出一个结果，表示 Bi-Shoe 尽可能少的花费。

【Sample Input】

3

5

1 23 4 5

6

10 11 12 13 14 15

2

1 1

【Sample Output】

Case 1: 22 Xukha

Case 2: 88 Xukha

Case 3: 4 Xukha

【思路分析】

题意中给了 n 个数，对于每个数，找到满足 $phi(x) \geqslant a_i$ 的 x，且 x 尽量小，再求所有 x 的和。例如第一个样例，找到的最小的 x 分别为 $phi(2)=1=a_1$，

$phi(3)=2=a_2$，$phi(5)=4 \geqslant a_3$，$phi(5)=4=a_4$，$phi(7)=6 \geqslant a_5$。那么，答案为 $2+3+5+5+7=22$。

与上题类似，先进行欧拉函数打表，然后在欧拉函数表中寻找满足条件的 x。显然枚举欧拉函数表较慢，可以使用二分，但由于欧拉函数表不是有序数列，可使用 phi[i] = max(phi[i],phi[i−1])的方法将其变成一个不下降有序数列。假如存在 $phi(x)=phi(y)$，且 $x<y$，那么肯定选取 x 值，即 $phi(y)$ 的值作用不大，所以使用上述方式将 phi []变得有序且不影响结果。二分可使用 lower_bound()函数，查找第一个大于等于 a_i 的值。

【参考代码】

```
1. #include <iostream>
2. #include <cstdio>
3. #include <cstring>
4. #include <math.h>
5. #include <algorithm>
6.
7. using namespace std;
8.
9. const int N = 1e6 + 5000;
10. int phi[N];
11. void init()
12. {
13.     memset(phi,0,sizeof(phi));
14.     phi[1]=1;
15.     for(int i=2;i<N;i++)
16.     {
17.         if(!phi[i])
18.         {
19.             for(int j=i;j<N;j+=i)
20.             {
21.                 if(!phi[j]) phi[j] = j;
22.                 phi[j] -= phi[j]/i;
23.             }
24.         }
25.     }
26.     phi[1] =0;
27.     for(int i=2;i<N;i++)
28.     {
29.       phi[i] = max(phi[i],phi[i-1]);//神奇的地方，后面可以直接进行二分
30.     }
31.     return;
32. }
```

```
33. int main()
34. {
35.     init();
36.     int T;
37.     scanf("%d",&T);
38.     for(int cas=1;cas<=T;cas++)
39.     {
40.         int n;
41.         long long ans =0;
42.         scanf("%d",&n);
43.         while(n--)
44.         {
45.             int x;
46.             scanf("%d",&x);
47.             ans += lower_bound(phi,phi+N,x) - phi ;
48.         }
49.         printf("Case %d: %lld Xukha\n",cas,ans);
50.     }
51.     return 0;
52. }
```

【习题推荐】

HDU 2407

HDU 1787

3.4 算术基本定理

算术基本定理又称为唯一分解定理，它可以表述为：任何一个大于 1 的自然数 N，都可以唯一分解为有限个质数的乘积。用公式表示为

$$N = p_1^{a1} p_2^{a2} p_3^{a3}, \cdots, p_n^{an}$$

其中，$p_1 < p_2 < p_3 < \cdots < p_n$ 且均为质数，而 $a1, a2, a3, \cdots, an$ 都是正整数。

算术基本定理有以下几个应用。

- 一个大于 1 的正整数 N，如果它的标准分解式为 $N = p_1^{a1} p_2^{a2} p_3^{a3}, \cdots, p_n^{an}$，那么它的正因数个数为 $\sigma_0(N) = (1+a1)(1+a2)(1+a3), \cdots, (1+an)$。
- 它的全体正因数之和为
  $$\sigma_1(N) = \left(1 + p_1 + p_1^2 + p_1^3 + \cdots + p_1^{a1}\right)\left(1 + p_2 + p_2^2 + p_2^3 + \cdots + p_2^{a2}\right)\cdots \left(1 + p_n + p_n^2 + p_n^3 + \cdots + p_n^{an}\right)$$

也可以写作

$$\sigma_1(N)=\frac{p_1^{a1+1}-1}{p_1-1}*\frac{p_2^{a2+1}-1}{p_2-1}*\frac{p_3^{a3+1}-1}{p_3-1}*\dots*\frac{p_n^{an+1}-1}{p_n-1}$$

当 $\sigma_1(N)=2N$ 时称 N 为完全数。是否存在奇完全数是一个至今未解决的猜想。

- 证明素数个数无限。

【题面描述（HDU 1164）】

艾迪最近迷上了素数，他发现每个自然数都可以分解成多个素数的乘积。但是他不会写代码，请协助他，使任意自然数分解成素数的乘积。

【输入】

多组测试，每组测试只有一个数 $x(1\leqslant x\leqslant 65535)$。

【输出】

对于每个测试样例，输出一个素数乘积的式子。

【Sample Input】

11

9412

【Sample Output】

11

2*2*13*181

【思路分析】

这是一道算术基本定理的运用题，利用埃氏筛法得到素数表，再枚举 primes[] 数组，一一分解。

【参考代码】

```
1. #include <iostream>
2. #include <cstdio>
3. #include <cstring>
4. #include <algorithm>
5.
6. using namespace std;
7.
8. const int N = 70000;
9.
10. bool isprime[N];
11. int primes[N], pn;
12.
```

```
13. void FastSieve(int maxn)
14. {
15.     memset(isprime, true, sizeof(isprime));
16.     isprime[0] = isprime[1] = false;
17.     pn = 0;
18.     for (int i=2; i<=maxn; ++i)
19.     {
20.         if (isprime[i]) primes[pn++] = i;
21.         for (int j=0; j<pn; ++j)
22.         {
23.             if (i * primes[j] >= maxn) break;
24.             isprime[i * primes[j]] = false;
25.             if (i % primes[j] == 0) break;
26.         }
27.     }
28.     return;
29. }
30.
31. int main()
32. {
33.     FastSieve(N);
34.     int x;
35.     while(scanf("%d",&x))
36.     {
37.         for(int i=0;i<pn;i++)
38.         {
39.             while(x%primes[i]==0)
40.             {
41.                 printf("%d*",primes[i]);
42.                 x /= primes[i];
43.             }
44.             if(isprime[x])
45.             {
46.                 printf("%d\n",x);
47.                 break;
48.             }
49.         }
50.     }
51.     return 0;
52. }
```

【习题推荐】

HDOJ-1492

HDOJ-1215

NYOJ-476

3.5　快速幂

当计算 a^n 时，传统的做法是将 a 连乘 n 次，时间复杂度为 $O(n)$，使用快速幂算法将会使时间复杂度降为 $O(\log_2 n)$。

```
1. int fastpow(int a,int n)
2. {
3.     int ans = 1;
4.     while(n)
5.     {
6.         if(n&1) ans*=a;
7.         a*=a;
8.         n>>=1;
9.     }
10.     return ans;
11. }
```

快速幂的思想借助了幂的 2^i 来运算，如计算 5^{13}，指数 13 的二进制为 1101($2^0+2^2+2^3$)，可将其写为 $5^{13}=5^{2^0}*5^{2^2}*5^{2^3}$。根据上述代码可以看出，通过 n>>=1，用左移的操作来遍历指数的二进制，同时计算 a^{2^i}，当当前位为 1 时，即 n&1!=0 时，说明这一位要进行运算，将 ans*=a。将 5^{13} 用代码演算为

进入 while 前，$a=5^{2^0}$，$n=(1101)_2$, $ans=1$;

进入 while 后，n&1 为真，$ans=5^{2^0}$，$a=5^{2^0}*5^{2^0}=5^{2^1}$，$n=(110)_2$；

n&1 为假，$ans=5^{2^0}$，$a=5^{2^1}*5^{2^1}=5^{2^2}$，$n=(11)_2$；

n&1 为真，$ans=5^{2^0}*5^{2^2}$，$a=5^{2^2}*5^{2^2}=5^{2^3}$，$n=(1)_2$；

n&1 为真，$ans=5^{2^0}*5^{2^2}*5^{2^3}$，$a=5^{2^3}*5^{2^3}=5^{2^4}$，$n=0$；

退出循环。

可以看出，使用快速幂大大减少了运算次数，且运算次数为指数二进制位数。

当 n 过大时，可能出现结果溢出的情况，一般根据题意将答案取模，在处理的过程中，可以使用如下准则：

计算加法和乘法时，每做一次相加或相乘进行一次取模；

计算减法时，给被减数加上模值之后先算减法再取模。

3.5.1 整数快速幂

【题面描述（HDU 1061）】

给一个正整数 N，输出 N^N 结果的最右一位数字。

【输入】

多组输入，每组的第一行为整数 T，表示 T 组数据。每组数据只有一个正整数 $N(1 \leqslant N \leqslant 1\,000\,000\,000)$。

【Sample Input】

2

3

4

【Sapmle Output】

7

6

【思路分析】

一道典型的快速幂取模的题目，不难看出是求 $N^N\%10$，直接用模板即可。

【参考代码】

```
1. #include <iostream>
2. #include <algorithm>
3. #include <cstdio>
4. #include <cstring>
5. using namespace std;
6.
7. const int MOD = 10;
8. int fastpow(int a,int b)
9. {
10.     int ans = 1;
11.     a%=MOD;
12.     while(b)
13.     {
14.         if(b&1) ans = (ans*a)%MOD;
15.         a = (a*a)%MOD;
16.         b>>=1;
17.     }
18.     return ans;
19. }
20. int main()
```

```
21. {
22.     int T;
23.     scanf("%d",&T);
24.     while(T--)
25.     {
26.         int n;
27.         scanf("%d",&n);
28.         printf("%d\n",fastpow(n,n));
29.     }
30.     return 0;
31. }
```

3.5.2 矩阵快速幂

【题面描述（HDU 1005）】

已知 $f(1)=1, f(2)=1, f(n)=(A*f(n-1)+B*f(n-2))\bmod 7$。给出 A、B 和 n，求 $f(n)$。

【输入】

输入包含多组数据，每组包括 3 个数字，分别表示 A、B 和 $n(1\leqslant A,B\leqslant 1000$，$1\leqslant n\leqslant 100\,000\,000)$。当输入 3 个 0 时，代表输入结束。

【输出】

每行对应每组数据输出一个结果。

【Sample Input】

1　1　3

1　2　10

0　0　0

【Sample Output】

2

5

【思路分析】

此类递推公式直接暴力求解，显然是不可取的。解决此类问题，有种更普通的方法，就是构造递推矩阵，使用矩阵快速幂。

首先，根据题意可知 $f(n)=(A*f(n-1)+B*f(n-2))\bmod 7$，先不考虑取模。

构造矩阵时，一般根据 $(f(n), f(n-1))=(f(n-1)\quad f(n-2))\begin{pmatrix}A & ?\\ B & ?\end{pmatrix}$ 的规则，

不同的题目矩阵会做不同的变化，但都要保证前一个矩阵的值不断变化且逐渐向 $f(n)$ 靠近，而后一个矩阵不变，实现快速幂。不难发现，上述的两个问号代替的值分别为 1,0，则有

$$(f(3),f(2))=(f(2)\quad f(1))\begin{pmatrix}A & 1\\ B & 0\end{pmatrix};$$

$$(f(4),f(3))=(f(2)\quad f(1))\begin{pmatrix}A & 1\\ B & 0\end{pmatrix}\begin{pmatrix}A & 1\\ B & 0\end{pmatrix};$$

$$(f(5),f(4))=(f(2)\quad f(1))\begin{pmatrix}A & 1\\ B & 0\end{pmatrix}\begin{pmatrix}A & 1\\ B & 0\end{pmatrix}\begin{pmatrix}A & 1\\ B & 0\end{pmatrix};$$

$$(f(6),f(5))=(f(2)\quad f(1))\begin{pmatrix}A & 1\\ B & 0\end{pmatrix}\begin{pmatrix}A & 1\\ B & 0\end{pmatrix}\begin{pmatrix}A & 1\\ B & 0\end{pmatrix}\begin{pmatrix}A & 1\\ B & 0\end{pmatrix};$$

……

$$(f(n),f(n-1))=(f(2)\quad f(1))\begin{pmatrix}A & 1\\ B & 0\end{pmatrix}^{n-2};$$

对 $\begin{pmatrix}A & 1\\ B & 0\end{pmatrix}^{n-2}$ 运用矩阵快速幂。矩阵快速幂原理和整数快速幂一样，只不过每步乘法运算都变成了矩阵运算。

最后的答案取 $f(n)$ 项结果即可。

【参考代码】

```
1. #include <iostream>
2. #include <cstdio>
3. #include <cstring>
4. #include <algorithm>
5. using namespace std;
6.
7. struct Matrix{
8.     int mat[2][2];
9. };
10.
11. Matrix MatrixMutiply(Matrix a, Matrix b)
12. {
13.     Matrix ans;
14.     ans.mat[0][0]= ans.mat[0][1]= ans.mat[1][0]= ans.mat[1][1]= 0;
15.     for(int i=0;i<2;i++)
16.         for(int j=0;j<2;j++)
17.             for(int k=0;k<2;k++)
18. ans.mat[i][j]=(ans.mat[i][j]+(a.mat[i][k]*b.mat[k][j])%7)%7;
```

```
19.     return ans;
20. }
21.
22. int fastpow(int b,int A,int B)
23. {
24.     struct Matrix ans,a;
25.     ans.mat[0][0] = ans.mat[1][1] = 1;
26.     ans.mat[0][1] = ans.mat[1][0] = 0;
27.     a.mat[0][0] = A; a.mat[0][1] = 1;
28.     a.mat[1][0] = B; a.mat[1][1] = 0;
29.     while(b)
30.     {
31.         if(b&1) ans = MatrixMutiply(ans,a);
32.         a = MatrixMutiply(a,a);
33.         b >>= 1;
34.     }
35.     return (ans.mat[0][0] + ans.mat[1][0]) % 7;
36. }
37.
38. int main()
39. {
40.     int A,B,n;
41.     while(scanf("%d%d%d",&A,&B,&n)!=EOF && A && B && n)
42.     {
43.         if(n==1 || n==2) printf("1\n");
44.         else printf("%d\n",fastpow(n-2,A,B));
45.     }
46.     return 0;
47. }
```

【习题推荐】

HDOJ.2053

HDOJ.5667

第 4 章

数据结构

数据结构作为一门学科就是为了让计算机能够以更加高效、简单、便捷的方式来存储和使用数据，所有的目标都是围绕存和取两个目标的。

4.1 栈和队列

栈是一种特殊的线性表，它只能在一端进行插入删除，是一种先进后出的顺序，就像叠盘子一样，每次放盘子要一个一个地放在前一个的上面堆起来，取的时候要从最上面的开始一个一个地取出，如图 4-1 所示。

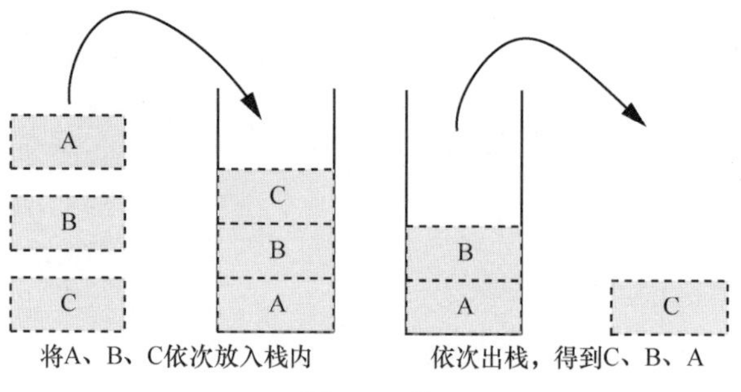

图 4-1 栈

在 C++的标准库中，引用头文件<stack>就可以直接使用栈，通常栈有以下几种操作。

（1）push()：向栈内压入一个成员。

（2）pop()：从栈顶弹出一个成员，意味着栈中就没有这个成员了。

（3）empty()：如果栈为空返回 true，否则返回 false。

（4）top()：返回栈顶，但不删除成员。

（5）size()：返回栈内元素的大小。

栈的基本使用操作如下。

```
1. #include<iostream>
2.    #include<stack>
3.    using namespace std:
4.
5.    Int main()
6.    {
7.        stack<int>stk;
8.        for (int i=0 ; i<50 ; i++){
9.           stk.push(i);
10.        }
11.        cout<<" 栈的大小" <<stk.size()<<endl;
12.        while(!stk.empty())
13.        {
14.           cout<<stk.top()<<endl;
15.           stk.pop();
16.        }
17.        cout<< "栈的大小" <<stk.size()<<endl;
18.        return 0;
19. }
```

【题面描述 1（HDU1237）】

读入一个只包含+、−、*、/的非负整数计算表达式，计算该表达式的值。

【输入】

测试输入包含若干测试用例，每个测试用例占一行，每行不超过 200 个字符，整数和运算符之间用一个空格分隔。没有非法表达式。当一行中只有 0 时输入结束，相应的结果不输出。

【输出】

对每个测试用例输出一行，即该表达式的值，精确到小数点后两位。

【Sample Input】

1 + 2

2 + 2 * 5 − 7 / 11

0

【Sample Output】

3.00

13.36

【思路分析】

由于加减和乘除的优先级不同，所以正着一个个元素读取不好计算，故我们先乘除，再加减，而且减法等同于加上它的负数，所以一步步读取，将数字按输入顺序入栈，遇见减号将其相反数入栈，遇见乘除就用当前的数字乘除栈取出的数字 pop()，得到的新结果入栈，最后将栈中所有的数字相加就是答案。

【参考代码】

```
1. #include<cstdio>
2. #include<cstring>
3. #include<algorithm>
4. #include<stack> using namespace std;
5. stack<double>num;
6.
7. int main() {
8.     int n, i;
9.     while(scanf("%d", &n)){
10.        char c;
11.        c = getchar();
12.        if(c=='\n' && n==0)
13.            break;
14.        num.push(n);
15.        c = getchar();
16.        double m;
17.        while(scanf("%d", &n)){
18.            if(c == '*'){
19.                m = num.top();
20.                m*=n;
21.                num.pop();
22.                num.push(m);
23.            }
24.            else if(c == '/'){
25.                m = num.top();
26.                m/=n;
27.                num.pop();
28.                num.push(m);
29.            }
30.            else if(c == '+'){
31.                num.push(n);
32.            }
```

```
33.             else if(c == '-'){
34.                 num.push(0-n);
35.             }
36.             if(getchar()=='\n')
37. break;
38.             c = getchar();
39.         }
40.         double sum = 0;
41.         while(!num.empty()){
42.             sum+=num.top();
43.             num.pop();
44. }
45.         printf("%.2lf\n", sum);
46.
47.     }
48.     return 0;
49. }
```

与栈恰好相反，队列是一种先进先出的线性表，它只允许在表的一端插入，在另一端删除元素，允许插入的一端叫队尾，删除的一端叫队首。和生活中的排队是一样的，最早进入的元素最先离开，如图4-2所示。

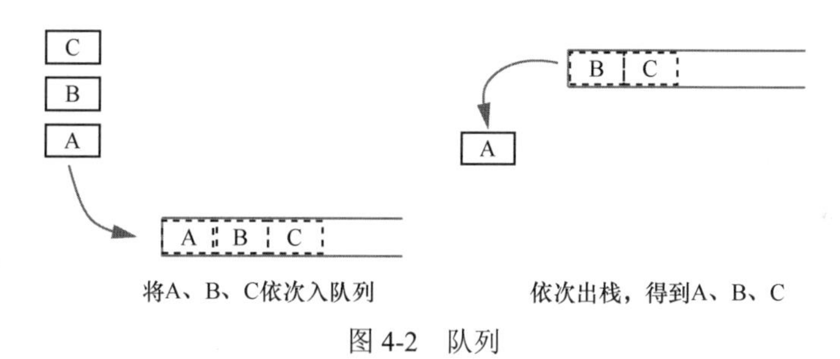

图4-2 队列

同样，在C++的标准库中可以引用头文件<queue>直接使用队列。它的几个基本操作如下。

（1）queue 入队，如 q.push(x)，将 x 接到队列的末端。

（2）queue 出队，如 q.pop()，弹出队列的第一个元素。注意，并不会返回被弹出元素的值。

（3）访问 queue 队首元素，如 q.front()，即最早被压入队列的元素。

（4）访问 queue 队尾元素，如 q.back()，即最后被压入队列的元素。

（5）判断 queue 队列空，如 q.empty()，当队列空时，返回 true。

（6）访问队列中的元素个数，如 q.size()。

基本使用方法与栈类似。

【题面描述 2（HDU 1276）】

某部队进行新兵队列训练，将新兵从 1 开始按顺序依次编号，并排成一行横队，训练的规则如下：从头开始 1 至 2 报数，凡报到 2 的出列，剩下的向小序号方向靠拢，再从头开始进行 1 至 3 报数，凡报到 3 的出列，剩下的向小序号方向靠拢，继续从头开始进行 1 至 2 报数，之后从头开始轮流进行 1 至 2 报数、1 至 2 报数直到剩下的人数不超过 3 人为止。

【输入】

本题有多个测试数据组，第一行为组数 N，接着为 N 行新兵人数，新兵人数不超过 5000。

【输出】

共有 N 行，分别对应输入的新兵人数，每行输出剩下的新兵最初的编号，编号之间有一个空格。

【Sample Input】

2

20

40

【Sample Output】

1 7 19

1 19 37

【思路分析】

用队列来模拟每次报数的情况，出列的数出队，不出列的数取出后再重新入队，队尾加个 0 表示一轮结束。

【参考代码】

```
1. #include <cstdio>
2. #include <iostream>
3. #include <queue>
4. using namespace std;
5. queue <int> s;
6.
7. void cmp(int k)
8. {
9.    int i = 1;
10.    while(s.front() != 0)
11.    {
```

```
12.         if(i % k != 0)
13.         s.push(s.front());
14. s.pop();
15. ++i;
16.     }
17. s.pop();
18. s.push(0);
19. }
20.
21. int main()
22. {
23.     int t, n;
24.     cin >> t;
25.     while(t--)
26.     {
27.         cin>>n;
28.         for(int i = 1; i <=n; i++)
29.             s.push(i);
30.         s.push(0);
31. int i = 1;
32.         while(s.size() > 4){
33.             if(i % 2 == 0)
34.                 cmp(3);
35. else
36.                 cmp(2);
37.             i++;
38.         }
39.         while(!s.empty())
40.         {
41.             if(s.front() != 0)
42.             {
43.                 cout << s.front();
44.                 s.pop();
45.                 if(s.front() != 0)
46.                     cout << " ";
47.             }
48.             else
49.                 s.pop();
50.       }
51.         cout << endl;
52.     }
53.     return 0;
54. }
```

【习题推荐】

HDOJ.1363

POJ.2082

POJ.1686

POJ.3250

4.2 优先队列

优先队列意为元素被赋予了优先级，在优先队列中的数据是按照优先级高低的顺序排列，一般优先级最高的元素先被取出。默认的 int 类型的优先队列实际上就是按照从大到小的顺序排列，先出队的为队列中最大的数。优先队列的基本操作与队列差不多。

格式声明是 priority_queue<int>que，意味着声明一个名叫 que 的优先队列，且是 int 型的。虽然有默认的，但更多情况下我们是自定义优先级的，一般采用结构体类型来定义，最常见的是以下几种。

```
1. priority_queue <node> que; //node 是一个结构体
   struct Node
   {
       int x,y;
       friend bool operator < (const Node &a,const Node &b)
       {
           return a.x < b.x;
       }
   }
2. priority_queue <int,vector<int>,greater<int>> que; //注意后面两个
“>”不要写在一起，” >>”是右移运算符
3. priority_queue <int,vector<int>,less<int>>que;
```

第一种方式重载了‘<’符号，数值小的先进队列，所以队尾存储的是最大值；第二种使用递增 less<int>函数对象排序；第三种使用递减 greater<int>函数对象排序。具体使用方法代码如下。

```
1. #include <iostream>
2. #include <queue>
3.
4. using namespace std;
5. struct Node{
6.     int x,y;
7.     Node(int x,int y):x(x),y(y){}
8.     friend bool operator < (const Node &a ,const Node &b)
9.     {
```

```
10.             return a.x < b.x;
11.     }
12. };
13.
14. int main()
15. {
16.     priority_queue<int>que1;
17.     priority_queue<Node>que2;
18.     priority_queue<int,vector<int>,greater<int>>que3;
19.     priority_queue<int,vector<int>,less<int>>que4;
20.
21.     que1.push(1); que3.push(1); que4.push(1);
22.     que1.push(4); que3.push(4); que4.push(4);
23.     que1.push(7); que3.push(7); que4.push(7);
24.     que1.push(5); que3.push(5); que4.push(5);
25.     que2.push(Node(1,4)); que2.push(Node(7,2));
26.     que2.push(Node(2,5)); que2.push(Node(5,3));
27.
28.     cout << "que1:";
29.     while(!que1.empty()) {cout << que1.top()<< " "; que1.pop();}
30.
31.     cout << endl << "que2:";
32.     while(!que2.empty()) {cout << que2.top().x<< ","<<que2.
top().y<<"   "; que2.pop();}
33.
34.     cout << endl <<"que3:";
35.     while(!que3.empty()) {cout << que3.top()<< " "; que3.pop();}
36.
37.     cout << endl <<"que4:";
38.     while(!que4.empty()) {cout << que4.top()<< " "; que4.pop();}
39.     return 0;
40. }
```

输出如下。

1. que1:7 5 4 1
2. que2:7,2　　5,3　　2,5　　1,4
3. que3:1 4 5 7
4. que4:7 5 4 1

【题面描述（HDU 1896）】

给定 n 个石头的位置 pi 和能够扔出的距离 Di，从左（0 位置）往右走，碰到的石头为奇数个就往右扔，碰到的石头为偶数个就跳过，若同一奇数位置有两个石头，则扔能够扔的距离远的那个，问最后一个石头距离出发点的距离。

【输入】

第一行输入有多少组数据，然后依次输入石头个数、每个石头的位置和可以扔出的距离。

【输出】

最后一个石头距离出发点的距离。

【Sample Input】

2

2

1 5

2 4

2

1 5

6 6

【Sample Output】

11

12

【思路分析】

这组数据是会变化的，可以直接用优先队列模拟出一步步的情况，将每个石头的位置按照从低到高的优先级入队，且位置一样时，能够扔的距离越远优先级越高，然后一步步从队列中取出数据，若是第偶数个就删除，若是第奇数个就将现位置数加上可以扔的距离数重新入队，直到队列为空。

【参考代码】

```
1. #include<cstdio>
2. #include<queue>
3. using namespace std;
4. struct point {
5.     int x,y;
6.     bool operator <(const point & q) const
7.     {
8.         if (x==q.x) return y>q.y;  //排序优先级
9.         else return x>q.x;
10.     }
11. };
12. int main()
13. {
```

```
14.     int t,n;
15.     while (~scanf("%d",&t))
16.     {
17.         while (t--)
18.         {
19.             int k=1;
20.             priority_queue<point> que;
21.             point temp;
22.             scanf("%d",&n);
23.             while (n--)
24.             {
25.                scanf("%d %d",&temp.x,&temp.y);
26.                que.push(temp);
27.             }
28.             while (!que.empty())
29.             {
30.                 temp=que.top(),que.pop();
31.                 if (k%2==1)
32.                 {
33.                     temp.x+=temp.y;
34.                     que.push(temp);
35.                 }
36.                 k++;
37.             }
38.             printf("%d\n",temp.x);
39.         }
40.     }
41.     return 0;
42. }
```

【习题推荐】

HDOJ.1873

HDOJ.3785

4.3　二叉树

树形结构是一种非线性数据结构，其中以树和二叉树最为常用，是一种以分支关系定义的层次结构。树是 n 个节点的有限集，在任意一棵非空树中，有且仅有一个特定的成为根节点，在 $n>1$ 时，其余节点可分为 $m(m>0)$个互不相交的有限集 T1,T2,···,Tn，其中，每个集合本身又是一棵树，称为子树。

二叉树是一种树形结构，它的特点是每个节点至多只有两棵子树（即二叉树中不存在度大于二的节点），且二叉树的子树有左右之分，称为左子树右子树，次序不能颠倒。

完全二叉树：若二叉树的高度为 h，除第 h 层外，其他各层（1~h−1）的节点数都达到最大个数，第 h 层上的节点都集中在该层最左边的若干位置上，如图 4-3 所示。

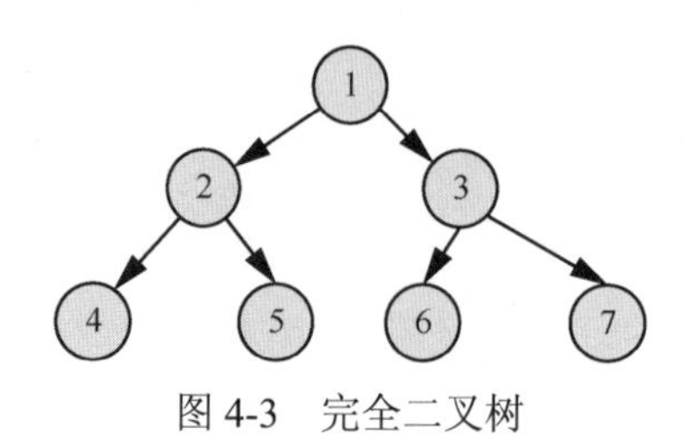

图 4-3　完全二叉树

二叉树有如下性质。

性质 1：在第 i 层上最多有 2^{i-1} 个节点(i>0)。

性质 2：深度为 k 的二叉树至多有 2^k-1 个节点。

性质 3：$n0=n2+1$。$n0$ 表示度数为 0 的节点，$n2$ 表示度数为 2 的节点。

性质 4：在完全二叉树中，具有 n 个节点的完全二叉树的深度为[log2n]+1，其中，[log2n]+1 是向下取整。

性质 5：若对含 n 个节点的完全二叉树从上到下且从左至右进行 1 至 n 的编号，则对完全二叉树中任意一个编号为 i 的节点：若 i=1，则该节点是二叉树的根，无双亲，否则，编号为[i/2]的节点为其双亲节点；若 2i>n，则该节点无左孩子节点，否则，编号为 2i 的节点为其左孩子节点；若 2i+1>n，则该节点无右孩子节点，否则，编号为 2i+1 的节点为其右孩子节点。

二叉树有 3 种遍历方式，分别为前序、中序和后序遍历。前序遍历的遍历方式为根节点→左子树→右子树；中序遍历的遍历方式为左子树→根节点→右子树；后序遍历的遍历方式为左子树→右子树→根节点，如图 4-4 所示。

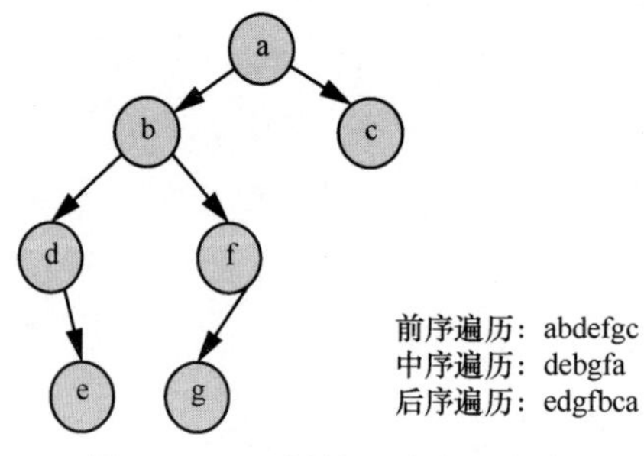

图 4-4　二叉树的 3 种遍历方式

【题面描述（HDU 1710）】

给出二叉树的前序遍历和中序遍历，求出后序遍历。

【Sample Input】

9

1 2 4 7 3 5 8 9 6

4 7 2 1 8 5 9 3 6

【Sample Output】

7 4 2 8 9 5 6 3 1

【思路分析】

结合前序和中序的特点，就样例而言，首先知道前序遍历第一个数“1”肯定是根节点，然后在中序中找到“1”的位置，得知中序中“1”前面的 3 个“4 7 2”是左子树，后面“8 5 9 3 6”是右子树，接着递归下去，把“4 7 2”和“8 5 9 3 6”再分别看成两棵树继续这个操作，在递归的过程中输出后序。

【参考代码】

```
1. #include<iostream>
2. using namespace std;
3. int t1[1001],t2[1001];
4. void sousuo(int a,int b,int n,int flag)
5. {
6.
7.     if(n==1)    {
8.         printf("%d ",t1[a]);
9.         return ;
10.     }
11.     else if(n<=0)
12.         return ;
13. int i;
14. for(i=0;t1[a]!=t2[b+i];i++) ;
15.     sousuo(a+1,b,i,0);
16. sousuo(a+i+1,b+i+1,n-i-1,0);
17. if(flag==1)
18.         printf("%d",t1[a]);
19.     else
20.         printf("%d ",t1[a]);
21. }
22. int main()
23. {
24.     int n,i;
25.     while(scanf("%d",&n)!=EOF)
```

```
26.     {
27.         for(i=1;i<=n;i++)
28.             scanf("%d",&t1[i]);
29.         for(i=1;i<=n;i++)
30.             scanf("%d",&t2[i]);
31.         sousuo(1,1,n,1);
32.         printf("\n");
33.     }
34.     return 0;
35. }
```

【习题推荐】

POJ.2499

4.4 并查集

并查集也是一种树形结构，用于处理一些不相交集合的合并及查询问题。在一些有 N 个元素的集合应用问题中，我们通常是在开始时让每个元素构成一个单元素的集合，然后按一定顺序将属于同一组元素所在的集合合并，其间要反复查找一个元素在哪个集合中，这一类的问题用并查集解决。

简单来说，并查集就是把数据分为几个集合，每个集合都有自己的代表元素，从而实现对两个元素是否属于同一集合的快速判断或进行其他操作。一般通过对每个数的“父亲”修改来实现元素集合的合并。

例如，有集合{1,2,3,4,5,6,7}，给出一些关系（u, v）表示 u 和 v 是同一类的。现给出关系(1,2)(2,3)(4,6)(6,7)，那么，一开始的集合{1}{2}{3}{4}{5}{6}{7}，且每个人的父亲都是自己本身，我们用 father[]数组来记录自己的父亲节点，如图 4-5 所示。

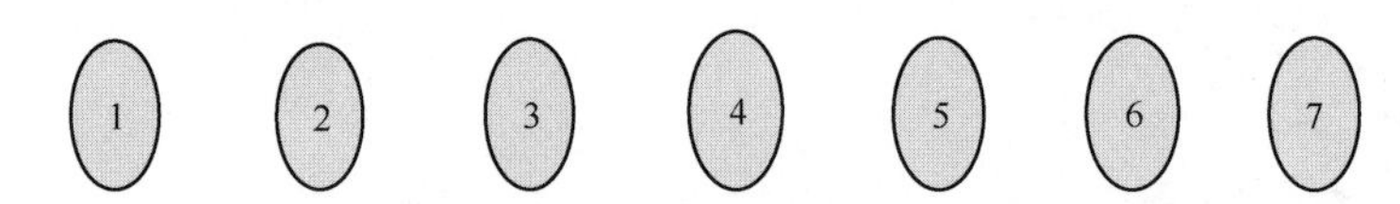

图 4-5　用 father[]数组记录父亲节点

当给出(1,2)这组关系时，表示 1,2 为同一类，则将二者所在的集合进行合并，如图 4-6 所示。

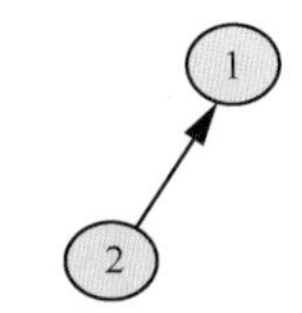

图 4-6　将节点 2 和节点 1 进行合并

合并时，把节点 2 连接到节点上，并将 father[2]的值修改为 father[1]的值。合并（2,3）时，则把节点 3 连接到节点 2 上，并修改 father[3]的值，如图 4-7 所示。

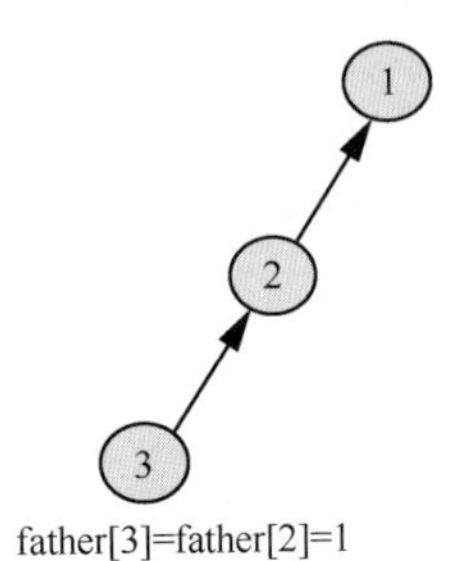

图 4-7　将节点 3 和节点 2 进行合并

完成所有的合并操作，则如图 4-8 所示。

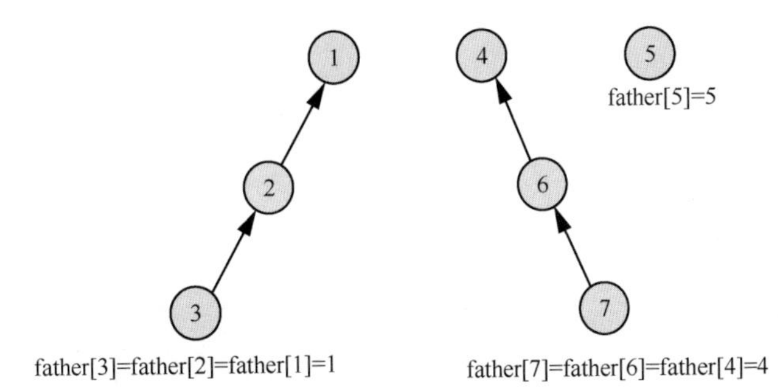

图 4-8　完成所有合并操作

那么，father[]值相同的节点为同一类。

可以发现，并查集有两个关键步骤：查询与合并。在合并两个节点时，首先查询这两个点是否属于同一集合，若属于同一集合，则无须进行多余的操作；若不属于同一集合，则将两个节点合并，也可看作将两个集合合并。

在查询时，通常使用递归的方法，判断两个节点的根节点是否相同，如果根节点相同，那么在同一集合，否则在不同集合。

```
1. int find(int x)
```

```
2. {
3.     while(x!=parent[x]) x = parent[x];
4.     return x;
5. }
```

上述的递归方法用时少，且有大量的重复计算，但将上面的代码稍做改变，就能加快查询的时间，且直接将当前节点连接在根节点上，以便下次可以进行一次性查询。修改后的代码如下。

```
1. int find(int x)
2. {
3.     while(x!=parent[x])
4.     return x = parent[x];
5. }
```

根据递归的性质，可以发现上面的代码在回溯过程中，直接将当前节点甚至当前节点到根节点这条链上的节点全部直接连在根节点上，如图 4-9 所示。

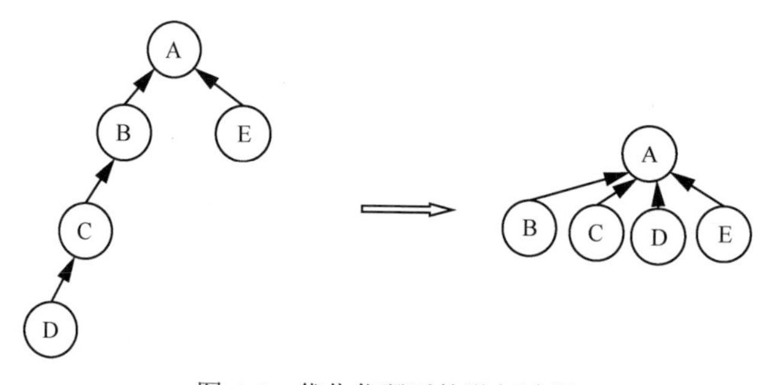

图 4-9　优化代码后的递归过程

使用上述代码优化，可以达到图 4-9 的效果。但当数据很大时，使用递归可能会有栈溢出的情况，于是，又提出了一种优化查询方法，如下所示，效果不变。

```
1. int find(int x)
2. {
3.    int y=x;
4.     while(y!=parent[y])
5.     {
6.         y=parent[y];
7.     }
8.     while(x!=parent[x])
9.     {
10.         int px=parent[x];
11.         parent[x]=y;
12.         x=px;
13.      }
14.     return y;
```

```
15.
16. }
```

这种写法规避了回溯过程中返回值的问题，先找到父亲节点，再沿着路径一一进行修改。

不同于查询操作，合并操作很简单，而且也没有优化点，代码如下。

```
1. void Union (int a,int b)
2. {
3.     parent[b]=a;
4. }
```

【题面描述 1（HDU 1232）】

某省调查城镇交通状况，得到现有城镇道路统计表，表中列出了每条道路直接连通的城镇。该省政府“畅通工程”的目标是使全省任何两个城镇间都可以实现连通（但不一定有直接的道路相连，只要互相间接通过道路可达即可）。最少还需要建设多少条道路？

【输入】

测试输入包含若干测试用例。每个测试用例的第 1 行给出两个正整数，分别是城镇数目 N ($N < 1000$)和道路数目 M；随后的 M 行对应 M 条道路，每行给出一对正整数，分别是该条道路直接连通的两个城镇的编号。为简单起见，城镇从 1 到 N 编号。

注意：两个城市之间可以有多条道路相通，也就是说

3 3

1 2

1 2

2 1

这种输入也是合法的。

当 N 为 0 时，输入结束，该用例不被处理。

【输出】

对每个测试用例，在 1 行中输出最少还需要建设的道路数目。

【Sample Input】

4 2

1 3

4 3

3 3

1 2

1 3

2 3

5 2

1 2

3 5

999 0

0

【Sample Output】

1

0

2

998

【思路分析】

两个城市之间有路相连就证明都在一个集合内，换句话说，甲城市和乙城市相连，则可以将甲所在的集合和乙所在的集合合并成一个集合，一个集合内的任意城市都是直接或间接相连的，最后看有多少个集合数，只要把这些集合连通，所有城市就连通了。

【参考代码】

```
1. #include <stdio.h>
2. #include <string.h>
3. #include <stdlib.h>
4. #define N 1005
5. int parent[N];
6. int find(int x)
7. {
8.     int y=x;
9.     while(y!=parent[y])
10.     {
11.         y=parent[y];
12.     }
13.     while(x!=parent[x])
14.     {
15.         int px=parent[x];
16.         parent[x]=y;
17.         x=px;
18.     }
```

```
19.     return y;
20. }
21. void Union (int a,int b)
22. {
23.     if(rand()%2)
24.     {
25.         parent[a]=b;
26.     }
27.     else
28.     {
29.         parent[b]=a;
30.     }
31. }
32. int main()
33. {
34.     int n,m,count,x,y,q,w,i;
35.     while(~scanf("%d %d",&n,&m))
36.     {
37.         if(n==0) break;
38.         for(i=1;i<N;i++)
39.             parent[i]=i;
40.         count=0;
41.         while(m--)
42.         {
43.             scanf("%d %d",&x,&y);
44.             q=find(x);w=find(y);
45.             if(q!=w)  Union(q,w);
46.         }
47.         for(i=1;i<=n;i++)
48.         {
49.             if(parent[i]==i)  count++;
50.         }
51.         printf("%d\n",count-1);
52.     }
53.     return 0;
54. }
```

【题面描述 2（POJ 1182）】

动物王国中有 3 类动物 A、B、C，这 3 类动物的食物链构成了有趣的环形。A 吃 B，B 吃 C，C 吃 A。

现有 *N* 个动物，以 1~*N* 编号。每个动物都是 A、B、C 中的一种，但是我们并不知道它到底是哪一种。

有两种说法对这 *N* 个动物所构成的食物链关系进行描述：

第一种说法是“1 X Y”，表示 X 和 Y 是同类；

第二种说法是“2 X Y”，表示 X 吃 Y。

对 N 个动物，用上述两种说法，一句接一句地说出 K 句话，这 K 句话有的是真的，有的是假的。当一句话满足下列 3 条之一时，这句话是假话，否则是真话。

（1）当前的话与前面某些真的话冲突，就是假话。

（2）当前的话中 X 或 Y 比 N 大，就是假话。

（3）当前的话表示 X 吃 X，就是假话。

你的任务是根据给定的 N（$1 \leqslant N \leqslant 50000$）和 K 句话（$0 \leqslant K \leqslant 100000$），输出假话的总数。

【输入】

第一行是两个整数 N 和 K，以一个空格分隔。

以下 K 行每行是 3 个正整数 D、X、Y，两数之间用一个空格隔开，其中，D 表示说法的种类。

若 D=1，则表示 X 和 Y 是同类。

若 D=2，则表示 X 吃 Y。

【输出】

只有一个整数，表示假话的数目。

【Sample Input】

100 7

1 101 1

2 1 2

2 2 3

2 3 3

1 1 3

2 3 1

1 5 5

【Sample Output】

3

【思路分析】

这是一道经典的关系型并查集。由于每个节点存在不同的关系，所以在集合中，不仅有记录关系的父亲数组，也有记录当前节点到根节点距离的数组。

如何定义距离是解决关系型并查集的关键，通常在关系型并查集内，记录的距离并不是真实距离，而是逻辑距离，如本题面存在 3 种逻辑关系（0,1,2）：同类，吃，被吃。

首先，确定两个节点是同类的距离。如果 X 吃 Y，Z 吃 Y，那么 X 和 Z 为同类。

不管 t 值为多少，根据向量的知识，$X \to Z$ 和 $Z \to X$ 的值相同，且为 0，那么可以定义当两个节点为同类时，两点间的逻辑距离为 0，如图 4-10 所示。

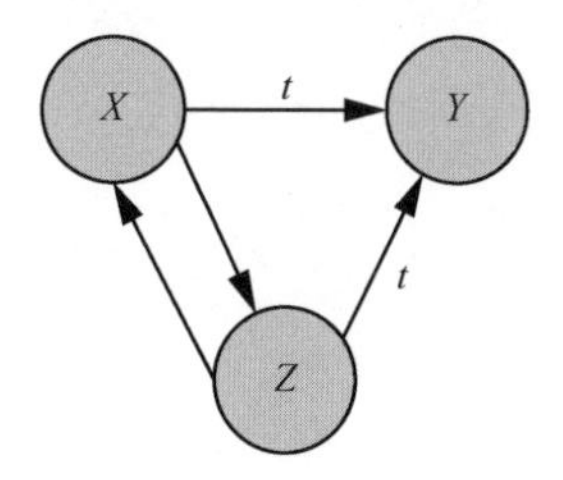

图 4-10　确定两个节点是同类的距离

其次，假设 $X \to Y$ 表示 X 吃 Y，且逻辑距离为 1。那么如果 X 吃 Y，Y 吃 Z，Z 吃 Y。

$X \to Y$ 和 $Y \to Z$ 的值为 1（如图 4-11 所示），利用向量知识 $X \to Z$ 值为 2，$Z \to X$ 为−2，而（−2+3）%3=1，相当于 $Z \to X$ 的值为 1，即 Z 吃 X，不与假设相悖。于是，可以确定：

若 $X \to Y$ 的逻辑距离为 0，那么 X 与 Y 为同类。

若 $X \to Y$ 的逻辑距离为 1，那么 X 吃 Y。

若 $X \to Y$ 的逻辑距离为 2，那么 X 被 Y 吃，相当于 Y 吃 X。

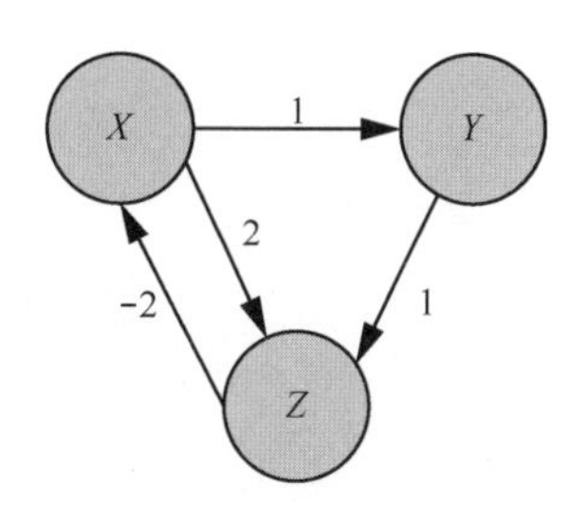

图 4-11　两节点间逻辑距离举例

当然，逻辑距离假设的方式有很多种，只要找到一种能够适配所有情况的方式即可。

同时，由于新增了距离数组，在 find( )进行合并时，也要将距离进行向量加减。

考虑完这些问题，此题就迎刃而解了。

【参考代码】

```
1. #include <iostream>
2. #include <cstdio>
3. #include <cstring>
4. #include <algorithm>
5. using namespace std;
6. const int N =  50000+10;
7. int root[N];
8. int rela[N];
9. int n;
10. void init()
11. {
12.     for(int i=0;i<=n;i++)
13.         root[i]=i,rela[i]=0;
14.     return;
15. }
16. int find(int x)
17. {
18.     int y=x,cnt=0;
19.     while(y!=root[y])
20.     {
21.         cnt+=rela[y];
22.         y=root[y];
23.     }
24.     while(x!=root[x])
25.     {
26.         int px=root[x];
27.         int temp=rela[x];
28.         rela[x]=cnt;
29.         cnt-=temp;
30.         root[x]=y;
31.         x=px;
32.     }
33.     return y;
34. }
35. void Union(int op,int x,int y)
36. {
37.     int rx=find(x);
38.     int ry=find(y);
39.     root[rx]=ry;
40.     rela[rx]=op+rela[y]-rela[x];
41.     return;
42. }
43. int main()
44. {
```

```
45.     int k;
46.     scanf("%d %d",&n,&k);
47.
48.         init();
49.         int sum=0;
50.         while(k--)
51.         {
52.             int op,x,y;
53.             scanf("%d %d %d",&op,&x,&y);
54.             if( x>n || y>n  || (x==y &&op==2) ) { sum++; continue;}
55.             op--;
56.             int xx=find(x);
57.             int yy=find(y);
58.             if(xx!=yy) Union(op,x,y);
59.             else
60.             {
61.                 if(((rela[x]-rela[y])%3+3)%3==op) continue;
62.                 else sum++;
63.             }
64.         }
65.         printf("%d\n",sum);
66.
67.     return 0;
```

【习题推荐】

HDOJ.1213

HDOJ.1272

HDOJ.1856

4.5　树状数组

树状数组是一个查询和修改复杂度都是 log(n)的数据结构，用于查询任意两位之间所有元素的和，但每次只修改一个元素的值。树状数组和线段树很像，能用线段树解决的基本能用树状数组解决，而能用树状数组解决的不一定能用线段树解决。

首先引进 lowbit 的概念，可以把它看成一个函数，定义 lowbit(x)=x&($-x$)，其实就是把写成二进制的 x 的高位 1 都去掉，只留下最低位的 1，如 10=1010（二进制）,lowbit(10)就是去掉高位 1 只留下最低位 1，就是 0010，所以 lowbit(10)=2。

如图 4-12 所示，假设有原始数组 a[1,…,n]，要对这个数组更改某个值且快速求出某个区间的和，那么根据这个图构造树状数组 t[1,⋯,*n*]，可以得到 t[1]=a[1]，t[2]=a[1]+a[2]，t[3]=a[3]，t[4]=a[1]+a[2]+a[3]+a[4]，t[5]=a[5],⋯发现，t[*k*]就是表示从 a[*k*]开始往左连续求 lowbit(*k*)个数的和，反过来可以看出 a[3]的值只影响 t[3]，t[4]，t[8]……也就是说，a[*i*]只影响 t[lowbit(*i*)+*i*]这样一直加下去，所以基本操作代码如下。

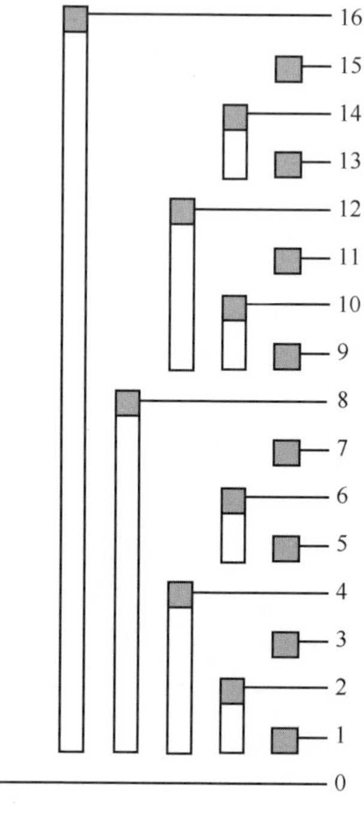

图 4-12　树状数组构造示例

```
1. #include<iostream>
2. using namespace std;
3. int n,m,i,num[100001],t[200001],l,r;//num:原数组; t: 树状数组
4. int lowbit(int x)
5. {
6.     return x&(-x);
7. }
8. void change(int x,int p)//将第 x 个数加 p
9. {
10.     while(x<=n)
11.     {
12.         t[x]+=p;
13.         x+=lowbit(x);
14.     }
```

```
15.     return;
16. }
17. int sum(int k)//前 k 个数的和
18. {
19.     int ans=0;
20.     while(k>0)
21.     {
22.         ans+=t[k];
23.         k-=lowbit(k);
24.     }
25.     return ans;
26. }
27. int ask(int l,int r)//求 l-r 区间和
28. {
29.     return sum(r)-sum(l-1);
30. }
31. int main()
32. {
33.     cin>>n>>m;
34.     for(i=1;i<=n;i++)
35.     {
36.         cin>>num[i];
37.         change(i,num[i]);
38.     }
39.     for(i=1;i<=m;i++)
40.     {
41.         cin>>l>>r;
42.         cout<<ask(l,r)<<endl;
43.     }
44.     return 0;
45. }
```

而要更改某个值，只需要求出原值与要更改的值的差值，重新代入 change() 函数即可。

【习题推荐】

POJ.1195

POJ.3321

4.6 RMQ

RMQ 问题是指：对于长度为 n 的数列 A，回答若干询问 RMQ(A,i,j)(i,$j \leqslant n$)，

返回数列 A 中下标在 i,j 中的最小(大）值。也就是说，RMQ 问题是指求区间最值的问题。

我们可以用 $F(i,j)$表示区间$[i,i+2^{j-1}]$间的最小值，可以开辟数组来保存 $F(i,j)$的值，如 $F(2,4)$就是保存区间$[2,2+2^{4-1}]=[2,17]$的最小值。那么 $F(i,0)$的值是确定的，就是 i 这个位置所指的元素值，这时我们可以把区间$[i,i+2^{j-1}]$平均分为两个区间，因为 $j \geqslant 1$ 时该区间的长度始终为偶数，可以分为区间$[i,i+2^{j-1}-1]$和区间$[i+2^{j-1}-1,i+2j-1]$，即取两个长度为 2^{j-1} 的块取代和更新长度为 2^{j} 的块，那么最小值就是这两个区间的最小值，动态规划为 $F[i,j]=\min(F[i,j-1],F[i+2j-1,j-1])$。同理，最大值就是 $F[i,j]=\max(F[i,j-1],F[i+2^{j-1},j-1])$。

【题面描述（NYOJ116）】

南将军统率着 N 个士兵，士兵分别编号为 1~N，南将军经常爱将某一段编号内杀敌数最高的人与杀敌数最低的人进行比较，计算出两个人的杀敌数差值，用这种方法一方面能鼓舞杀敌数高的人，另一方面是批评杀敌数低的人，起到了很好的效果。

所以，南将军经常问军师小工第 i 号士兵到第 j 号士兵中，杀敌数最高的人与杀敌数最低的人之间杀敌数差值是多少。

请写一个程序，帮小工回答南将军每次的询问。

注意，南将军可能询问很多次。

【输入】

只有一组测试数据。第一行是两个整数 N,Q，其中，N 表示士兵的总数。Q 表示南将军询问的次数($1<N\leqslant 100000,1<Q\leqslant 1000000$)。随后的一行有 N 个整数 $Vi(0\leqslant Vi<100000000)$，分别表示每个人的杀敌数。再之后的 Q 行，每行有两个正整数 m,n，表示南将军询问的是第 m 号士兵到第 n 号士兵。

【输出】

对于每次询问，输出第 m 号士兵到第 n 号士兵之间所有士兵杀敌数的最大值与最小值的差。

【Sample Input】

5 2

1 2 6 9 3

1 2

2 4

【Sample Output】

1

7

【思路分析】

直接就是 RMQ 模板题。

【参考代码】

```
1. #include <iostream>
2. #include <cstdio>
3. #include <cstring>
4. #include <algorithm>
5. using namespace std;
6. #define N 100010
7. int maxsum[N][20],minsum[N][20];
8. int n,m;
9.
10. void RMQ(int num)
11. {
12.     for(int j=1; j<20; j++)
13.         for(int i=1; i<=num; i++)
14.         if(i+(1<<j)-1 <= num)
15.         {
16.             maxsum[i][j] = max(maxsum[i][j-1], maxsum [i+(1<<(j-1))]
[j-1]);
17.             minsum[i][j] = min(minsum[i][j-1], minsum [i+(1<<
(j-1))][j-1]);
18.         }
19. }
20.
21. int main()
22. {
23.     scanf("%d%d",&n,&m);
24.     for(int i=1; i<=n; i++)
25.     {
26.         scanf("%d",&maxsum[i][0]);
27.         minsum[i][0] = maxsum[i][0];
28.     }
29.     RMQ(n);
30.     int a,b;
31.     while(m--)
32.     {
33.         scanf("%d%d",&a,&b);
34.         if(a > b) swap(a, b);
35.         int k = (int)log2(b-a+1);
```

```
36.         int maxans = max(maxsum[a][k], maxsum[b-(1<<k)+1][k]);
37.         int minans = min(minsum[a][k], minsum[b-(1<<k)+1][k]);
38.         printf("%d\n",maxans-minans);
39.     }
40.     return 0;
41. }
```

【习题推荐】

POJ.3264

POJ.3368

4.7 线段树

线段树也是一种树形结构，它将一个区间划分成一些单元区间，每个单元区间对应线段树中的一个叶节点。线段树是建立在线段的基础上，每个节点都代表了一条线段[a,b]，长度为 1 的线段称为元线段。非元线段都有两个子节点，左节点代表的线段为[a,(a+b)/2]，右节点代表的线段为[((a+b)/2)+1,b]。

以图 4-13 这棵线段树为例，这棵树保存了长度为 5 的数组，其中，浅色部分代表某条线段；深色部分则为元线段，表示数组里面具体的值。

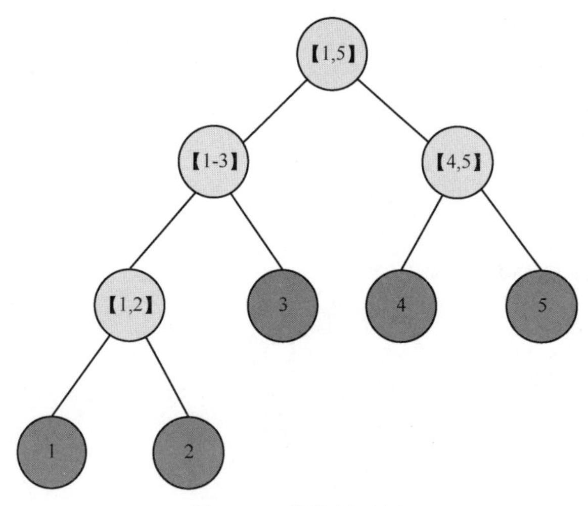

图 4-13　线段树示例

使用线段树可以快速查找某个节点在若干条区间中出现的次数、某个区间的最大或最小值、某个区间的和等问题。这时就需要了解线段树的 3 个基本操作：

建树、更新和查询。

建树时，可以使用结构体的方法，将节点的左右端点、记录的信息（最大值、最小值、区间和等）存储进去；也可使用一个数组保存，使用数组时，省略了左右端点，因为在递归过程中，左右端点可以通过值传递的方式得到。建树就是一个遍历二叉树的过程，从根节点出发，依次遍历左子树，到元线段返回，再遍历右子树，直到遍历结束。

```
1. void built(int l,int r,int i)
2. {
3.     if(l==r) { tr[i]=arr[l];return;}
4.
5.     int mid=(l+r)>>1;
6.     built(lson);
7.     built(rson);
8.     tr[i]=max(tr[i<<1],tr[i<<1|1]);
9.     return;
10. }
```

更新操作和查询操作类似，时间复杂度都为 $O(\log N)$。当执行更新操作时，要遍历到叶子节点，再层层递归更新，而查询操作只需查到包括的区间为止。例如更新时，更新元线段为“2”的值，只需沿着此条路遍历即可。而查询【1-4】区间的最大值时，只需要查询区间【1-3】和【4-4】即可，如图 4-14 所示。

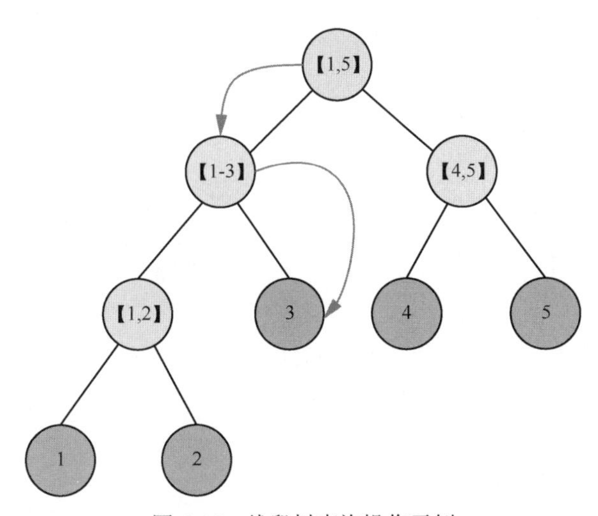

图 4-14　线段树查询操作示例

```
1. void update(int l,int r,int i,int x,int y)
2. {
3.     if(l==r&&l==x) {tr[i]=y;return;}
```

```
4.
5.     int mid=(l+r)>>1;
6.     if(mid>=x) update(lson,x,y);
7.     else update(rson,x,y);
8.     tr[i]=max(tr[i<<1],tr[i<<1|1]);
9.     return;
10. }
11. void query(int l,int r,int i,int a,int b)
12. {
13.     if(l>=a&&r<=b) { ans=max(ans,tr[i]);return;}
14.
15.     int mid=(l+r)>>1;
16.     if(mid>=a) query(lson,a,b);
17.     if(mid<b) query(rson,a,b);
18.     return;
19. }
```

线段树未优化的空间复杂度为 $2N$，实际应用时一般还要开 $4N$ 的数组以免越界，因此有时需要离散化让空间压缩。

【题面描述 1（HDU1 754）】

老师喜欢询问从某某到某某中，分数最高的是多少，这让很多学生很反感。不管你喜不喜欢，现在需要做的是，按照老师的要求，写一个程序，模拟老师的询问。当然，老师有时候需要更新某位同学的成绩。

【输入】

本题目包含多组测试，请处理到文件结束。在每个测试的第一行，有两个正整数 N 和 M（$0<N\leqslant 200000, 0<M<5000$），分别代表学生的数目和操作的数目。学生 ID 编号从 1 到 N。

第二行包含 N 个整数，代表这 N 个学生的初始成绩，其中，第 i 个数代表 ID 为 i 的学生成绩。接下来有 M 行。每一行有一个字符 C（只取“Q”或“U”）和两个正整数 A，B。

当 C 为“Q”时，表示这是一条询问操作，它询问 ID 从 A 到 B（包括 A、B）的学生中，成绩最高的是多少。当 C 为“U”时，表示这是一条更新操作，要求把 ID 为 A 的学生的成绩更改为 B。

【输出】

对于每一次询问操作，在一行中输出最高成绩。

【Sample Input】

5 6

1 2 3 4 5

Q 1 5

U 3 6

Q 3 4

Q 4 5

U 2 9

Q 1 5

【Sample Output】

5

6

5

9

【思路分析】

线段树模板题。

【参考代码】

```
#include <iostream>
#include <cstdio>
#include <cstring>
#include <algorithm>
#define lson l,mid,i<<1
#define rson mid+1,r,i<<1|1
using namespace std;
const int N = 200010;
int tr[N*4];
int arr[N];
int ans;
void built(int l,int r,int i)
{
    if(l==r) { tr[i]=arr[l];return;}

    int mid=(l+r)>>1;
    built(lson);
    built(rson);
    tr[i]=max(tr[i<<1],tr[i<<1|1]);
    return;
}
void update(int l,int r,int i,int x,int y)
{
    if(l==r&&l==x) {tr[i]=y;return;}
```

```
    int mid=(l+r)>>1;
    if(mid>=x) update(lson,x,y);
    else update(rson,x,y);
    tr[i]=max(tr[i<<1],tr[i<<1|1]);
    return;
}
void query(int l,int r,int i,int a,int b)
{
    if(l>=a&&r<=b) { ans=max(ans,tr[i]);return;}

    int mid=(l+r)>>1;
    if(mid>=a) query(lson,a,b);
    if(mid<b) query(rson,a,b);
    return;
}
int main()
{
    int n,m;
    while(~scanf("%d%d",&n,&m))
    {
        for(int i=1;i<=n;i++) scanf("%d",&arr[i]);
        built(1,n,1);
        while(m--)
        {
            char op;
            int x,y;
            scanf(" %c%d%d",&op,&x,&y);
            if(op=='Q') ans=-1,query(1,n,1,x,y),printf("%d\n",ans);
            if(op=='U') update(1,n,1,x,y);
        }
    }
    return 0;
}
```

【题面描述 2（HDU 1394）】

逆序对的定义为：如果存在正整数 i，j 使 $1\leqslant i<j\leqslant n$ 且 A[i]>A[j]，则<A[i], A[j]>这个有序对称为 A 的一个逆序对，也称作逆序数。

现在有一个长度为 n 的数组，每次将数组的第一位移至末尾，然后求逆序对数，请问这个循环数组的最小逆序对数。

【输入】

输入包含多组测试数据。每组测试数据包括两行，第一行为一个正整数 $n(n\leqslant 5000)$；第二行为 0~$(n-1)$ 的任意排列。

【输出】

对于每组数据，输出一行，表示循环数组的最小逆序对数。

【Sample Input】

10

1 3 6 9 0 8 5 7 4 2

【Sample Output】

16

【思路分析】

其实只需求出一个序列的逆序数即可，因为第 i+1 个序列的逆序数为第 i 个序列的逆序数+（n−a[i] −1）−a[i]，那么找出其中最小的即可。

现在的问题就是求逆序数！求逆序数的方法很多，数据小的时候可以直接两重循环暴力，可以用归并排序、树状数组、线段树！这里讲一下线段树。

由于该题比较特殊，数据都是连续且离散的，直接就可以用线段树求解，假如区间不是连续的或者非离散的题目，那么就需要先离散化处理。线段树求逆序数的思想为：按输入顺序插入元素，在插入元素之前先搜索比该元素大的数已经出现的个数，即查找区间[a[i],n−1],查找出来的个数就是需要增加的逆序数。

【参考代码】

```
1. #include <iostream>
2. #include <cstdio>
3. #include <cstring>
4. #include <cmath>
5. #include <queue>
6. #include <algorithm>
7. using namespace std;
8.
9. #define lson l,mid,i<<1
10. #define rson mid+1,r,i<<1|1
11. #define clr(x,y) memset(x,y,sizeof(x))
12.
13. const int N = 5000+10;
14. int tr[N*4],ans,arr[N];
15. void update(int l,int r,int i,int x)
16. {
17.     if(l==r && l==x)
18.     {
19.         tr[i]=1;
```

```
20.         return;
21.     }
22.
23.     int mid=(l+r)>>1;
24.     if(mid>=x) update(lson,x);
25.     else update(rson,x);
26.     tr[i] = tr[i<<1] + tr[i<<1|1];
27.     return;
28. }
29.
30. void query(int l,int r,int i,int a,int b)
31. {
32.     if(l>=a && r<=b)
33.     {
34.         ans+=tr[i];
35.         return;
36.     }
37.
38.     int mid = (l+r)>>1;
39.     if(mid>=a) query(lson,a,b);
40.     if(mid<b) query(rson,a,b);
41.     return;
42. }
43.
44. int main()
45. {
46.     int n;
47.     while(~scanf("%d",&n))
48.     {
49.         clr(tr,0);
50.         int sum=0;
51.         for(int i=1;i<=n;i++)
52.         {
53.             scanf("%d",&arr[i]);
54.             update(1,n,1,arr[i]+1);
55.             ans=0;
56.             query(1,n,1,arr[i]+2,n);
57.             sum+=ans;
58.         }
59.         int res = sum;
60.         for(int i=1;i<n;i++)
61.         {
62.             sum += n -1 - 2*arr[i] ;
63.             res = min (sum,res);
64.         }
65.         printf("%d\n",res);
```

```
66.     }
67.     return 0;
68. }
```

【习题推荐】

POJ.2528

POJ.2828

POJ.2777

POJ.2886

第5章 动态规划

5.1 基本动态规划

和贪心算法一样，在动态规划中，可将一个问题的解决方案视为一系列决策的结果。不同的是，在贪心算法中，每用一次贪心准则便做出一个不可撤回的决策，而在动态规划中，还要考察每个最优决策序列中是否包含一个最优子序列。当一个问题具有最优子结构时，我们会想到用动态规划法去解它，虽然有些问题存在更简单、有效的方法，但只要我们总是做出当前看来最好的选择就可以了。贪心算法所做的选择可以依赖于以往所做过的选择，但绝不依赖于将来的选择，也不依赖于子问题的解，这使算法在编码和执行的过程中有一定的速度优势。

解决动态规划问题首先要确定子问题，判断哪些变量与问题的规模大小有关；其次是确定状态，推出状态转移方程。在动态规划问题中，状态转移方程式是核心，要确定其是不是满足所有的条件，再处理好边界情况。

【题面描述（HDU 1003）】

给出一个长度为 n 的数组，数组中每个数的范围在−1000 和 1000 之间。求出这个数组最大的连续区间和。例如，给出（6, −1,5,4, −7），则这个数组中最大的连续区间和为 6+(−1)+5+4=14。

【输入】

第一行输入一个 T，表示 T 组数据。

每组数据的开始为一个整数 n，表示数组的长度。接下来有 n 个数，表示这个数组的 n 个数。

【输出】

对于每组数据，输出最大的连续区间和，并给出这个连续区间的开始位置和结束位置。

【Sample Input】

2

5　6　−1　5　4　−7

7　0　6　−1　1　−6　7　−5

【Sample Output】

Case 1: 14　1　4

Case 2: 7　1　6

【思路分析】

此题求的是最大的连续区间和，考虑连续区间时，区间的开始位置肯定是在 $dp[i-1]+a[i] < a[i]$ 的情况下，否则在 $a[i]$ 前的区间会对当前考虑的区间做出负贡献；而区间的结束位置是在 $dp[j]+a[j+1] < dp[j]$ 的情况下。这样就可以推出状态转移方程 $dp[i] = \max(dp[i]+a[i],a[i])$。

【参考代码】

```
1. #include <iostream>
2. #include <cstring>
3. #include <cstdio>
4. #include <algorithm>
5. using namespace std;
6. const int N = 100000+10;
7. int a[N];
8. int dp[N];
9. int main()
10. {
11.     int T,n;
12.     scanf("%d",&T);
13.     for(int k=1;k<=T;k++)
14.     {
15.         scanf("%d",&n);
16.         for(int i=1;i<=n;i++) scanf("%d",&a[i]);
```

```
17.         int res=-1100,pos=1,marki,markj;
18.         for(int i=1;i<=n;i++)
19.         {
20.            if(dp[i-1]+a[i]>=a[i]) dp[i]=dp[i-1]+a[i];
21.            else  { dp[i]=a[i];pos=i;}
22.            if(dp[i]>res)
23.            {
24.                marki=pos;
25.                markj=i;
26.                res=dp[i];
27.            }
28.         }
29.         printf("Case %d:\n%d %d %d\n",k,res,marki,markj);
30.         if(k<T) printf("\n");
31.     }
32.     return 0;
33. }
```

【习题推荐】

HDOJ.2084

HDOJ.1069

5.2 背包

5.2.1 01 背包

01 背包是在 M 件物品中取出若干件放在空间为 W 的背包，每件物品的体积为 W1,W2…Wn，与之对应的价值为 P1,P2…Pn。01 背包是背包问题中最简单的问题。01 背包的约束条件是给定几种物品，每种物品有且只有一个，并且有权值和体积两个属性。在 01 背包问题中，因为每种物品只有一个，对于每个问题只需要考虑选与不选两种情况。如果不选将其放入背包中，则不需要处理。如果选择将其放入背包中，由于不清楚之前放入的物品占据了多大的空间，需要枚举将这个物品放入背包后可能占据背包空间的所有情况。

【题面描述 1】

许多年前，在泰迪的家乡，有一个人被称为“骨收藏家”，他喜欢收集不同的骨头。

这个人有一个大袋子（袋子的体积为 V），以及很多收集的骨头，很明显，不同的骨头有不同的价值和不同的体积，现考虑到每个骨头的价值以及他的袋子，请计算出这个人能收集到骨头的最大总价值?

【输入】

开始输入一个数 *t*，表示有 *t* 组测试数据。

每个测试数据开始输入两个数 *n* 和 *v*，表示骨头的总数和袋子的体积。接下一行输入 *n* 个数，表示 *n* 个骨头的价值。最后一行输入 *n* 个数，表示 *n* 个骨头的体积。

【输出】

每个测试数据输出一个数，表示最大的价值。

【Sample Input】

1

5　10

1　2　3　4　5

5　4　3　2　1

【Sample Output】

14

【思路分析】

用 dp[*i*][*j*]表示容量为 *j* 的袋子放完第 *i* 个骨头得到的最大价值。现在需要放置的是第 *i* 个骨头，这件物品的体积是 vo[*i*],价值是 va[*i*]，因此 dp[*i*−1][*j*]代表不将这件物品放入背包，而 dp[*i*−1][*j*−vo[*i*]]+va[*i*]则代表将第 *i* 件物品放入背包之后的总价值，比较二者的价值，得出最大的价值存入现在的背包中。

【参考代码】

```
1. #include<iostream>
2. #include<cstring>
3. using namespace std;
4.
5. const int mx=1e3+5;
6. int va[mx],vo[mx];   //va 表示骨头的价值，vo 表示骨头的体积
7. int dp[mx][mx];           //dp[i][j]表示放第 i 个物品，容量为 j 的袋子能
装骨头的最大价值
8.
9. int main(){
10.     int t;
11.     cin>>t;
```

```
12.     while(t--){
13.         int n,v;
14.         cin>>n>>v;
15.         memset(dp,0,sizeof(dp));
16.         for (int i=1;i<=n;i++) cin>>va[i];
17.         for (int i=1;i<=n;i++) cin>>vo[i];
18.         for (int i=1;i<=n;i++){           //枚举每一个骨头
19.             for (int j=0;j<=v;j++){  //求体积为 j 能装骨头的最大价值。
j 要从大到小
20.                 if (j>=vo[i])
21.dp[i][j]=max(dp[i-1][j],dp[i-1][j-vo[i]]+va[i]);
22.                                         //放第 i 个物品后容量为 j 的袋子的
最大价值
23.                 else dp[i][j]=dp[i-1][j]; //袋子总容量比物品体积小，
一定放不下这个物品
24.             }
25.         }
26.         cout<<dp[n][v]<<endl;
27.     }
28. }
```

5.2.2 完全背包

完全背包的问题是：有 N 种物品和一个容量为 V 的背包。第 i 种物品有若干件可用，每件费用是 c[i]，价值是 w[i]。求解将哪些物品装入背包可使这些物品的费用总和不超过背包容量，且价值总和最大。完全背包问题和 01 背包问题很像，不同的是完全背包问题中的物品每一件有若干件，而 01 背包中的每一件物品只有一件。

【题面描述 2】

过年最幸福的事就是吃了！但是对于女生来说，卡路里（热量）是减肥的天敌！请帮女生湫湫制定一个食谱，能使她吃得开心的同时，不会制造太多的天敌。当然，为了方便制作食谱，湫湫给了她的每日食物清单，上面描述了她想吃的每种食物能带给她的幸福程度，以及会增加的卡路里量。

【输入】

输入包含多组测试用例。每组数据以一个整数 n 开始，表示每天的食物清单有 n 种食物。接下来 n 行，每行两个整数 a 和 b，其中 a 表示这种食物可以带给湫湫的幸福值（数值越大越幸福），b 表示湫湫吃这种食物会增加的卡路里量。最后是一个整数 m，表示湫湫一天增加的卡路里不能超过 m。

【输出】

对每份清单，输出一个整数，即满足卡路里增加量的同时，湫湫可获得的最大幸福值。

【Sample Input】

3

3 3

7 7

9 9

10

5

1 1

5 3

10 3

6 8

7 5

6

【Sample Output】

10

20

【思路分析】

用 dp[*j*]表示湫湫吃前 *i* 种食物产生 *j* 卡路里热量获得的最大幸福值。可以按照每种食物不同的策略写出状态转移方程，dp[*j*]=max(dp[*j*],dp[*j*−b[*i*]]+a[*i*])。

只要 *j* 从 b[*i*]取到 *m* 就能保证每种食物吃很多次。

【参考代码】

```
1. #include<iostream>
2. #include<cstring>
3. #include<cstdio>
4. using namespace std;
5.
6. const int mx=1e5+5;
7. int a[mx],b[mx];   //a 表示幸福值，b 表示卡路里
8. int dp[mx];        //dp[i]表示吸收 i 卡路里产生最大的幸福值
9.
```

```
10. int main(){
11.     int n,m;
12.     while (cin>>n){
13.         memset(dp,0,sizeof(dp));
14.         for (int i=1;i<=n;i++) cin>>a[i]>>b[i];
15.         cin>>m;
16.         for (int i=1;i<=n;i++){   //枚举每一种食物
17.             for (int j=b[i];j<=m;j++)
18.                 dp[j]=max(dp[j],dp[j-b[i]]+a[i]); //状态转移方程
19.         }
20.         cout<<dp[m]<<endl;
21.     }
22. }
```

【习题推荐】

HDOJ.2602

HDOJ.1114

HDOJ.2191

5.3 单调队列

单调队列是指一个队列内部的元素具有严格单调性的一种数据结构，分为单调递增队列和单调递减队列。单调队列满足两个性质：

（1）单调队列必须满足从队首到队尾的严格单调性；

（2）排在队列前面的比排在队列后面的要先进队。

单调队列问题又称为“滑动窗口”问题，它是维持一个单调窗口，元素进队列时，将该元素与队尾元素进行对比，在维持的窗口为单调递增情况下，如果该元素大于队尾元素，那么该元素直接扔进队列，反之则不断将队尾元素出队列，直到满足该元素大于队尾元素。

用例题举例说明此问题。

【题面描述 1（POJ2823）】

有个长度为 $n(n\leqslant 1e6)$ 的数组，假设有一个长度为 k 的滑动窗口从数组的最左边一直滑到最右边。在窗口滑动时，只能看到窗口内的 k 个数字，且窗口每次只会滑动一个元素，假设数组为[1 3 −1 −3 5 3 6 7]，k 为 3，如表 5-1 所示。

表 5-1　长度 k 为 3 的滑动窗口

Window position	Minimun value	Maximum value
[1 3 −1] −3 5 3 6 7	−1	3
1 [3 −1 −3] 5 3 6 7	−3	3
1 3 [−1 −3 5] 3 6 7	−3	5
1 3 −1 [−3 5 3] 6 7	−3	5
1 3 −1 −3 [5 3 6] 7	3	6
1 3 −1 −3 5 [3 6 7]	3	7

请判断窗口每个位置的最大值和最小值。

【输入】

输入包括两行：第一行包括两个正整数 n 和 k，分别表示数组长度和滑动窗口的长度；第二行包括 n 个正整数，分别表示数组的元素。

【输出】

对于每个测试样例都有两行输出。

第一行依次表示窗口内的最小值，第二行依次表示窗口内的最大值。

【Sample Input】

8　3

1　3　−1　−3　5　3　6　7

【Sample Output】

−1　−3　−3　−3　3　3

 3　3　5　5　6　7

【思路分析】

这是一个典型的“滑动窗口”单调队列问题，以求窗口内的最大值为例，先建立一个单调递减队列，元素从左到右依次入队，入队之前必须从队列尾部开始删除比当前入队元素小或者相等的元素，直到遇到一个比当前入队元素大的元素，或者队列为空为止。若此时队列的大小超过窗口值，则从队首删除元素，直到队列大小小于窗口值为止，然后把当前元素插入队尾。如图 5-1 所示样例，可以得到模拟窗口移动时队列里面元素的变化，然后每次取队首即为当前窗口的最大值。

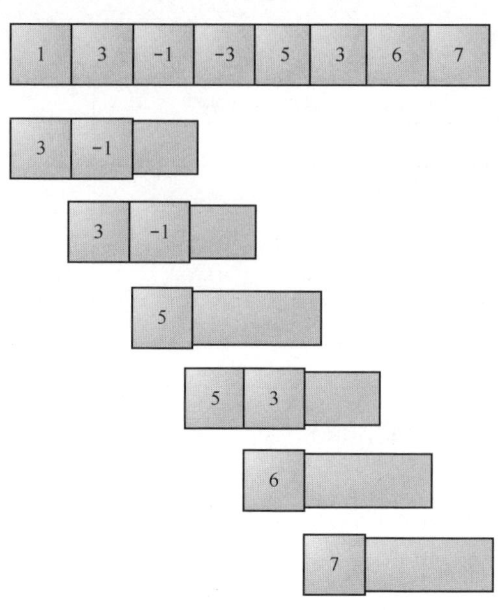

图 5-1 “滑动窗口”的单调队列示例

【参考代码】

```
1. #include <iostream>
2. #include <cstdio>
3. #include <cstring>
4. #include <algorithm>
5. using namespace std;
6.
7. const int N = 1e6 + 100;
8. int arr[N],n,k;
9. int pos[N],que[N],MAX[N],MIN[N];
10. void get_max()
11. {
12.         int head = 1, tail = 0 ;
13.         for(int i = 1; i<=n ;i++)
14.         {
15.                 while(head<=tail && que[tail]<=arr[i]) --tail;
16.                 que[++tail] = arr[i];
17.                 pos[tail] = i;
18.
19.                 if(i<k) continue;
20.
21.                 while( pos[head] < i-k+1 ) head++;
22.                 MAX[i-k+1] = que[head];
23.         }
24.         for(int i=1;i<=n-k+1;i++)
```

```
25.             printf("%d%c",MAX[i],i==n-k+1?'\n':' ');
26. }
27. void get_min()
28. {
29.         int head = 1, tail = 0;
30.         for(int i = 1; i<=n ; i++)
31.         {
32.                 while(head<=tail && que[tail]>=arr[i]) --tail;
33.                 que[++tail] = arr[i];
34.                 pos[tail] = i;
35.
36.                 if(i<k) continue;
37.
38.                 while(pos[head] < i-k+1 ) head++;
39.                 MIN[i-k+1] = que[head];
40.         }
41.         for(int i=1;i<=n-k+1;i++)
42.             printf("%d%c",MIN[i],i==n-k+1?'\n':' ');
43. }
44. int main()
45. {
46.         scanf("%d%d",&n,&k);
47.         for(int i=1;i<=n;i++) scanf("%d",&arr[i]);
48.         get_min();
49.         get_max();
50.         return 0;
51. }
```

【题面描述 2（POI 2015）】

给定一个长度为 n 的序列，有一次机会选中一段连续长度不超过 d 的区间，将里面所有数字全部修改为 0。

请找到最长的一段连续区间，使该区间内所有数字之和不超过 p。

【输入】

第一行包含 3 个整数 n，p，d($1 \leqslant d \leqslant n \leqslant 2000000$，$0 \leqslant p \leqslant 10^{16}$)。

第二行包含 n 个正整数，依次表示序列中每个数 wi。

【输出】

包含一行一个正整数，即修改后能找到符合条件的区间的最长长度。

【Sample Input】

9 7 2

3 4 1 9 4 1 7 1 3

【Sample Output】

5

【思路分析】

题意中，将连续长度不超过 d 的区间值变为 0，使尽可能长的区间和小于 p，显然，选择将长度为 d 的区间都变为 0，且尽量选择连续区间和最大的子序列，则单调队列维护的是长度为 d 的子序列和的最大值。

定义 f[i]为(1−i)前缀和数组，s[i]为从 i 开始、长度为 d 的区间和。先通过测试数据将这两个数组预处理出来，用单调队列维护 s[]的最大值，同时遍历原序列，不断比较最大值的起始位置与所求序列的位置，从而得到结果。

【参考代码】

```
1. #include <iostream>
2. #include <cstdio>
3. #include <cstring>
4. #include <algorithm>
5. using namespace std;
6.
7. typedef long long LL;
8. const int N = 2*1e6 + 100;
9. LL f[N],que[N],s[N];
10. int pos[N];
11. int main()
12. {
13.        int n,d;
14.        LL x,p;
15.        scanf("%d%lld%d",&n,&p,&d);
16.        for(int i=1;i<=n;i++) scanf("%lld",&x), f[i] = f[i-1] + x;
17.        for(int i=1;i<=n-d+1;i++) s[i] = f[i+d-1] - f[i-1];
18.
19.        int head = 1, tail = 0, l = 0;
20.        int ans = d;
21.        for(int i=d , j = 1; i<=n; i++, j++)
22.        {
23.              while( head <=tail && que[tail]<=s[j] ) tail--;
24.              que[++tail] = s[j];
25.              pos[tail] = j;
26.
27.              while( l<i &&  head <= tail && f[i] - f[l] - que
[head] > p )
28.              {
29.                    l++;
30.                    if( l >= pos[head] ) head++;
```

```
31.                 }
32.                 ans = max( ans, i - 1 );
33.         }
34.         printf("%d\n",ans);
35.         return 0;
36. }
```

【习题推荐】

HDU.5289

POJ.1821

HDU.3530

5.4 数位 DP

【题面描述 1 炸弹】

反恐怖分子发现了一个定时炸弹，如果定时炸弹当前时间的序列中包含 49，炸弹的伤害增加 1。反恐怖分子给炸弹设置一个数，计算这个炸弹的伤害值。

【输入】

开始输入一个数 T，表示有 T 组测试样例，每组样例输入一个数 N，表示反恐怖分子给炸弹设置的数。

【输出】

每组输出一个数，表示炸弹的伤害值。

【Sample Input】

3

1

50

500

【Sample Output】

0

1

15

【解题思路】

注意到 n 的数据范围非常大，暴力求解是不可能的，考虑动态规划，如果直接记录下数字，数组会开不起，这时要用到数位 DP。数位 DP 一般与数的组成有关，要考虑一些特殊的记录方法，保存给定数的每个位置的数，记录的状态为当前操作数的位数。以本题为例，用 dp[i][0]表示前 i 位中不含有 49 的数的个数，用 dp[i][1]表示前 i 位中不含有 49 且第 i 位为 9 的数的个数，用 dp[i][2]表示前 i 位中含有 49 的数的个数。所以得到递推公式：

dp[i][0]=dp[i−1][0]*10−dp[i−1][1];

dp[i][1]=dp[i−1][0];

dp[i][2]=dp[i−1][2]*10+dp[i−1][1];

因为这些递推公式对于所有的 N 都是一样的，所以可以先将 N 初始化，然后将每一位都含有 49 的数加起来。

【参考代码】

```
    1. #include<iostream>
    2. #include<cstdio>
    3. #include<cstring>
    4. using namespace std;
    5.
    6. long long dp[22][3];  //dp[i][0]表示前i位不含有49的数的个数,dp[i][1]
表示前i位不含有49且第i位为9的
    7.                     //数字个数，dp[i][2]表示前i位含有49的数字个数
    8. long long a[23];            //记录要求的数的每一位
    9.
    10. void Init(){           //初始化dp数组
    11.     dp[1][0]=10;       //前一位不含有49数的个数有10个
    12.     dp[1][1]=1;        //前一位不含有49且第一位为1的数的个数有1个
    13.     dp[1][2]=0;        //前一位含有49的数的个数为0个
    14.     dp[0][0]=1;
    15.     for(int i=2;i<=22;i++){
    16.         dp[i][0]=dp[i-1][0]*10-dp[i-1][1]; //前i位没有49的数的
个数，只要在前
    17.                                              //i-1中没有49的数前面加任意
一个数并且第i-1位是9的前面不能加4
    18.         dp[i][1]=dp[i-1][0];                 //前i位没有49且第i位是
9的数的个数，只
    19.                                       //要前i-1位没有49的数前面加1个9即可
    20.         dp[i][2]=dp[i-1][2]*10+dp[i-1][1]; //前i位有49的数的个
数，只要在前i-1位中
    21.                                        //有49的前面加任意一个数并且可以在
前i-1位
    22.                                            //中没有49且第i-1位是9的前
面加1个4
```

```
23.     }
24. }
25.
26. int main(){
27.     Init();
28.     int T;
29.     cin>>T;
30.     while(T--){
31.         long long n;
32.         cin>>n;
33.         n++;                //+1 防止出现末尾是 49 的情况
34.         int i=0;
35.         memset(a,0,sizeof(a));
36.         while (n!=0){        //取 n 的每一位
37.             a[++i]=n%10;
38.             n/=10;
39.         }
40.         long long ans=0;
41.         bool flag=false; //记录是否出现 49
42.         for (i=i;i>0;i--){
43.             ans+=a[i]*dp[i-1][2];    //每一位都可以和后面有 49 的数组
成含有 49 的数
44.             if (flag) ans+=dp[i-1][0]*a[i]; //如果前面已经含有 49，
则后面没有 49 的数和前面的数也可以组成含有 49 的数
45.             else if (a[i]>4) ans+=dp[i-1][1]; //如果前面的数没有
49，而且现在的数大于 4，那么就由 4 和后面第一位是 9 的数组成含有 49 的数
46.             if (a[i+1]==4 && a[i]==9) flag=true;  //出现了 49
47.         }
48.         cout<<ans<<endl;
49.     }
50. }
```

【题面描述 2】

不吉利的数字为所有含有 4 或 62 的号码。例如，62315、73418、88914 都属于不吉利号码。61152 虽然含有 6 和 2，但不是 62 连号，所以不在不吉利数字之列。对于每次给出的一个区间，请计算有多少个不含有不吉利的数字。

【输入】

输入的都是整数对 n、m（$0<n\leqslant m<1000000$），如果遇到都是 0 的整数对，则输入结束。

【输出】

对于每个整数对，输出一个不含有不吉利数字的统计个数，该数值占一行位置。

【Sample Input】

1 100

0 0

【Sample Output】

80

【思路分析】

用 dp[i][j]表示有 i 位数、首位是 j 的数字有多少符合要求的，很容易得到递推公式。首先有 dp[1][j]=1，j=0,1,2,3,5,6,7,8,9。然后当 i>1 时：当 j=4 时：dp[i][j]=0；当 j=6 时：dp[i][j]=Σdp[i−1][k] (k=0,1,3,5,6,7,8,9)；其他情况下，dp[i][j]=Σdp[i−1][k](k=0,1,2,3,5,6,7,8,9)。最后将每一位符合要求的数加起来。

【参考代码】

```
1. #include<iostream>
2. #include<cstring>
3. #include<cstdio>
4. using namespace std;
5.
6. int dp[10][10];
7.
8. void Init() //初始化 dp 数组
9. {
10.     for(int j=0;j<10;j++) dp[1][j]=1;
11.     dp[1][4]=0;
12.     for (int i=2;i<=7;i++){
13.         for (int j=0;j<10;j++){
14.             if (j==4) dp[i][j]=0;
15.             if (j==6){
16.                 for (int k=0;k<10;k++){
17.                     if (k!=2&&k!=4) dp[i][j]+=dp[i-1][k];
18.                 }
19.             }
20.             else {
21.                 for (int k=0;k<10;k++){
22.                     if (k!=4) dp[i][j]+=dp[i-1][k];
23.                 }
24.             }
25.         }
26.     }
27. }
28.
29. int swdp(int n)     //计算小于等于 n 的不含有不吉利数字的个数
```

```
30. {
31.     int i=1,sum=0,s[10];
32.     while (n)    //将 n 的每一位分开
33.     {
34.         s[i++]=n%10;
35.         n/=10;
36.     }
37.     s[i]=0;
38.     for (i=i-1;i>=1;i--){
39.         for (int j=0;j<s[i];j++){
40.             if (j==2&&s[i+1]==6||j==4) continue;
41.             else sum+=dp[i][j];
42.         }
43.         if (s[i+1]==6&&s[i]==2||s[i]==4) break;
44.     }
45.     return sum;
46. }
47.
48. int main(){
49.     Init();
50.     int n,m;
51.     while (~scanf("%d%d",&n,&m)&n){
52.         cout<<swdp(m+1)-swdp(n)<<endl;
53.     }
54.     return 0;
55. }
```

5.5 区间 DP

区间 DP 是在一个区间上进行的一系列的动态规划，在一个线性的数据上对区间进行状态转移，dp[i][j]表示 i 到 j 的区间。dp[i][j]可以由子区间的状态转移而来，关键是 dp[i][j]表示什么，然后找 dp[i][j]和子区间的关系。接下来以具体的题目来解释。

【题面描述 1 合并石子】

N 堆石子排成一排，每堆石子有 Ai 个石子。现要将 N 堆石子合并成一堆石子，每次合并只能将相邻两堆石子合并，每次合并的代价为这两堆石子数的和，经过 N−1 次合并成为一堆，求合并的最小代价。

【输入】

开始输入一个数 N，表示有 N 堆石子。

接下来输入 N 个数，第 i 个数 Ai 表示第 i 堆石子有 Ai 个石子。

【输出】

输出一个数，表示合并的最小代价。

【Sample Input】

3

1 2 3

【Sample Output】

9

【解题思路】

用 dp[i][j]表示[i,j]区间合并后的最小值，递推公式是 dp[i][j]=dp[i][$i+k$]+dp[$i+k+1$][j]+cut 中最小的一个，k 取值范围是[$i,j-1$],cut 表示[i,j]区间石子数的总和。区间长度依次取 2 到 n，对每个区间做区间 dp，最后 dp[1][n]就是答案。

【参考代码】

```
1. #include<iostream>
2. #include<cstdio>
3. #include<cstring>
4. using namespace std;
5.
6. const int mx=2e2+5;
7. int dp[mx][mx];     //dp[i][j]表示[i,j]区间合并代价的最小值
8. int a[mx],sum[mx];  //a[i]是输入的第 i 个数，sum[i]表示前 i 个数的和
9.
10. int main(){
11.     int n;
12.     while (cin>>n){
13.         sum[0]=0;
14.         memset(dp,0,sizeof(dp));
15.         for (int i=1;i<=n;i++){
16.             cin>>a[i];
17.             sum[i]=sum[i-1]+a[i];
18.         }
19.         for (int k=1;k<n;k++){     //区间长度-1
20.             for (int i=1;i+k<=n;i++){
21.                 int cut=sum[i+k]-sum[i-1];    //cut 记录合并石子数
22.                dp[i][i+k]=dp[i][i]+dp[i+1][i+k]+cut;//初始化 dp[i]
[i+k]
23.                 for (int j=i+1;j<i+k;j++)
24. dp[i][i+k]=min(dp[i][i+k] ,dp[i][j]+dp[j+1][i+k]+cut)
25.                     //以 j 为分隔点，求出最小的 dp[i][i+k]
26.             }
```

```
27.         }
28.         cout<<dp[1][n]<<endl;
29.     }
30. }
```

【题面描述 2 括号匹配】

“正则括号序列”的定义如下：

空序列是正则空括号序列；

如果 s 是正则括号序列，那么[s]、(s)也是正则括号序列；

如果 a 和 b 是正则括号序列，那么 ab 也是正则括号序列；

其他的都不是正则括号序列。

给一个序列，求其中的正则括号数。

【输入】

有很多测试样例，每个测试样例输入一串括号序列。输入 end 结束。

【输出】

每个测试样例输出一个数，表示正则括号数。

【Sample Input】

((()))

()()()

([]])

)[)(

([][][)

end

【Sample Output】

6

6

4

0

6

【解题思路】

用 dp[i][j]表示[i,j]区间中最大的正则括号数。对每个区间 dp[i][j]有两种情况。第一种是(s),[s]的情况，这种只要判断外围的两个括号是否匹配，再加上 s 的正则括号数；第二种是 ab 的情况，这种只要枚举数 k（$i \leqslant k \leqslant j$），计算所有 k 中

dp[*i*][*k*]+dp[*k*+1][*j*]的最大值，最后取两种情况的最大值。

【参考代码】

```
1. #include<iostream>
2. #include<cstring>
3. #include<cstdio>
4. using namespace std;
5.
6. const int mx=2e2+5;
7. int dp[mx][mx];     //dp[i][j]表示在[i,j]区间中正则括号数
8. char s[mx];         //输入的字符串
9.
10. int check(int i,int j){   //判断 i,j 位置括号是否匹配
11.     if (s[i]=='(' && s[j]==')') return 2;
12.     if (s[i]=='[' && s[j]==']') return 2;
13.     return 0;
14. }
15.
16. int main(){
17.     while (cin>>s){
18.         if (s[0]=='e') return 0;   //输入结束标志
19.         memset(dp,0,sizeof(dp));
20.         int len=strlen(s);
21.         for (int k=1;k<len;k++){    //区间的长度-1
22.             for (int i=0;i+k<len;i++){
23.                 dp[i][i+k]=dp[i+1][i+k-1]+check(i,i+k);    //判
断外围情况，即判断题目中的(s),[s]情况
24.                 for (int j=i;j<i+k;j++) dp[i][i+k]=max(dp[i]
[i+k],dp[i][j]+dp[j+1][i+k]);
25.                     //判断题目中的 ab 情况，并且找出[i,i+k]区间中最大正
则括号数
26.             }
27.         }
28.         cout<<dp[0][len-1]<<endl;
29.     }
30. }
```

5.6 概率 DP

概率 DP 主要用于求解期望、概率等题目，转移方程较为灵活。一般求解概率是正推，求解期望是逆推。

【题面描述1 飞行棋】

Hzz喜欢玩飞行棋，棋盘由 N+1个格子组成，编号从0到 N。棋子开始在0位置，他抛一枚骰子，骰子正面是几就向前走几步，中间有一些航线，可以直接从 X_i 到 Y_i($0<X_i<Y_i\leqslant N$)，当他走到 N 的位置时游戏结束，如果最后一次抛骰子超出了 N 也结束。求他抛骰子的期望。

【输入】

有很多测试样例。

每个测试样例开始输入两个数 N 和 M，表示棋盘格子数和航线数。

接下来输入 M 行，每行两个数 X_i 和 Y_i，表示从 X_i 到 Y_i 有一条航线。

【输出】

每个测试样例输出一个数，表示抛骰子的期望数，结果保留四位小数。

【解题思路】

用 dp[i]表示从 i 到 N 的期望。在没有航线的情况下，i 一步到 i+1, i+2,i+3,i+4,i+5,i+6 的概率都是 $\frac{1}{6}$，所以 dp[i]= (dp[i+1]+dp[i+2]+dp[i+3]+dp[i+4]+dp[i+5]+dp[i+6])/6.0+1。在有航线的情况下，X 到 Y 有一条航线，所以 X 到 N 的期望和 Y 到 N 的期望是一样的。

【参考代码】

```
1. #include<iostream>
2. #include<cstdio>
3. #include<cstring>
4. using namespace std;
5.
6. const int mx=1e5+5;
7. double dp[mx];     //计算结果的数组,dp[i]表从i到n的期望
8. int to[mx];        //航线，to[X]=Y表示从X到Y有一条航线
9.
10. int main(){
11.     int N,M;
12.     while (cin>>N>>M){
13.         if(N==M&&N==0) return 0;
14.         memset(to,0,sizeof(to));
15.         memset(dp,0,sizeof(dp));
16.         while (M--){
17.             int x,y;
18.             cin>>x>>y;
19.             to[x]=y;   //X到Y的航线
20.         }
```

```
21.         for (int i=N-1;i>=0;i--){
22.if(to[i]!=0) dp[i]=dp[to[i]]; //从i为起点有一条航线,结束点是to[i],从i可以直接到to[i],所以从i到N点的次数和to[i]到N点的次数是一样的
23.             else
dp[i]=(dp[i+1]+dp[i+2]+dp[i+3]+dp[i+4]+dp[i+5]+dp[i+6])/6.0+1;
24.                       //从i到i+1,i+2,i+3,i+4,i+5,i+6的概率都是1/6
25.         }
26.         printf("%.4lf\n",dp[0]);
27.     }
28.
29. }
```

【题面描述 2 收集 bugs】

Ivan 喜欢收集 bugs，一个软件有 s 个子系统和 n 种类型的 bugs，每个子系统都有无数个这 n 种类型的 bugs。Ivan 每天都能在一个子系统中找到一个 bug，求 Ivan 收集齐 n 种 bugs 并且在每个子系统中都至少发现一个 bug 需要天数的期望。

【输入】

输入两个整数 n 和 s，表示软件中的 bugs 种类数和子系统数。

【输出】

输出一个数，表示需要天数的期望，结果保留四位小数。

【Sample Input】

1 2

【Sample Output】

3.0000

【解题思路】

用 dp[i][j]表示从找到 i 种 bugs 和在 j 个子系统中发现了 bugs 到找到 n 种 bugs 和在 s 个子系统中发现了 bugs 的期望。很容易得到 $dp[i][j]=(n*s+(n-i)*j*dp[i+1][j]+dp[i][j+1]*i*(s-j)+dp[i+1][j+1]*(n-i)*(s-j))/(n*s-i*j)$。

【参考代码】

```
1. #include<iostream>
2. #include<cstring>
3. #include<cstdio>
4. using namespace std;
5.
6. const int mx=1e3+5;
7. double dp[mx][mx];   //dp[i][j]表示从找到i种bugs和在j个子系统中发现了bugs到找到n种bugs和在s个子系统中发现了bugs的期望
8.
9. int main(){
```

```
    10.     int n,s;
    11.     cin>>n>>s;
    12.     dp[n][s]=0;   //从找到 n 种 bugs 和在 s 个子系统中发现了 bugs 到找到
n 种 bugs 和在 s 个子系统中发现了 bugs 的期望为 0
    13.     for (int i=n;i>=0;i--){
    14.        for (int j=s;j>=0;j--){
    15.           if (i==n&&j==s) continue;  //dp[n][s]=0 已经知道了
    16.
dp[i][j]=(n*s+(n-i)*j*dp[i+1][j]+dp[i][j+1]*i*(s-j)+dp[i+1][j+1]*(n-
i)*(s-j))/(n*s-i*j);
    17.          //dp[i][j]可从 dp[i][j+1],dp[i+1][j]和 dp[i+1][j+1]得来
    18.        }
    19.     }
    20.     printf("%.4f\n",dp[0][0]);
    21. }
```

第 6 章 图论

6.1 建图与遍历

图是由顶点的有穷非空集合和顶点之间边的集合组成，通常表示为 G(V，E)，其中，G 表示一个图，V 是图 G 中顶点的集合，E 是图 G 中边的集合。

图按照无方向和有方向分为无向图和有向图，如图 6-1(a)为无向图，图 6-1(b)为有向图。在有向图中，又有入度和出度的概念，入度是指方向指向顶点的边，而出度是指方向背向顶点的边，在图 6-1（b）中，A 点的入度为 0，出度为 2；B 点的入度为 1，出度为 1；C 点的入度为 1，出度为 0；D 点的入度为 1，出度为 0。

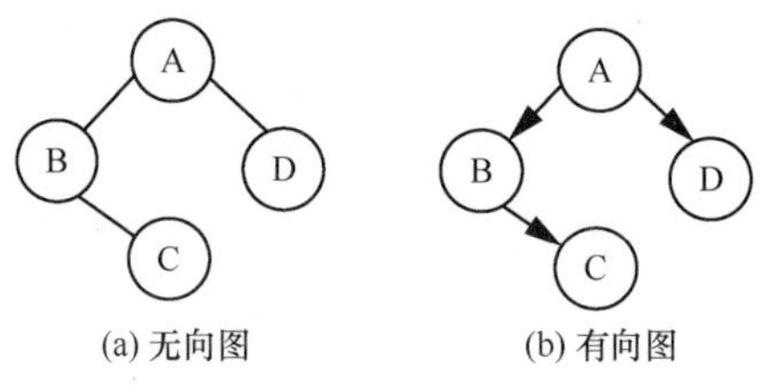

(a) 无向图　　(b) 有向图

图 6-1　图

图的结构比较复杂，任意两个顶点之间都可能存在关系，通常我们用以下 3 种方式来存储图。

6.1.1　邻接矩阵

邻接矩阵是最简单的存图方式，用两个数组来保存数据：一个一维数组存储图中顶点信息，称为顶点数组；一个二维数组存储图中边或弧的信息，称为边数组。

顶点数组中的数据是顶点信息，以图 6-1(a)和图 6-1(b)为例，其顶点数组一样，均如图 6-2 所示。

V0:(A)	V1:(B)	V2:(C)	V3:(D)

图 6-2　图 6-1 所示图的顶点数组

而边数组则是一个 $n \times n$ 的矩阵，图 6-1(a)和图 6-1(b)的边数组如图 6-3 所示。

	V0	V1	V2	V3
V0	0	1	0	1
V1	1	0	1	0
V2	0	1	0	0
V3	1	0	0	0

(a) 图 6-1 (a) 所示无向图的边数组

	V0	V1	V2	V3
V0	0	1	0	1
V1	0	0	1	0
V2	0	0	0	0
V3	0	0	0	0

(b) 图 6-1(b)所示有向图的边数组

图 6-3　图 6-1 所示图的边数组

可以看出，在无向图中，只要两点 Vx 和 Vy 有边，那么 $\text{Array}[Vx][Vy]$ 和 $\text{Array}[Vy][Vx]$ 的值都为 1，若无边，则都为 0。所以，无向图的边数组是沿主对角线对称的。在有向图中，若有一条 Vx 指向 Vy 的边，则 $\text{Array}[Vx][Vy]=1$，若无 Vy 指向 Vx 的边，则 $\text{Array}[Vy][Vx]=0$。

在图的概念中，每条边上都带有权的图称为网，此时，这些权值也要在邻接矩阵中存储下来。使用邻接矩阵存储网时，顶点数组不变，但边数组有所变化：

$$\text{arc}[i][j]=\begin{cases}W_{ij},\text{若}(v_i,v_j)\in E\text{或}<v_i,v_j>\in E\\0,\text{若}i=j\\\infty,\text{其他}\end{cases}$$

那么，每条边上都带有权的图的存图方式，如图 6-4 所示。

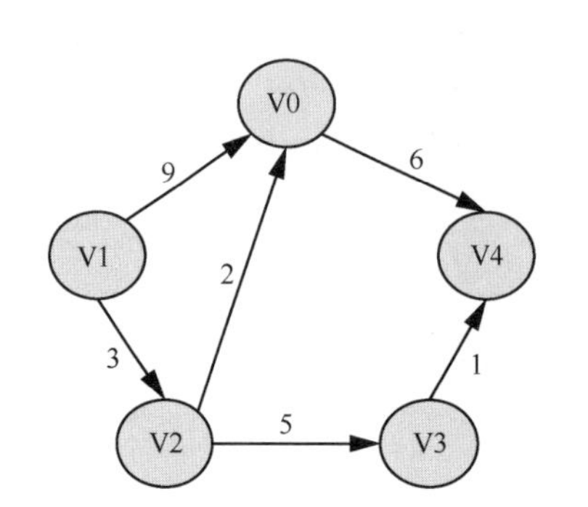

顶点数组：

V0	V1	V2	V3	V4

边数组：

	V0	V1	V2	V3	V4
V0	0	∞	∞	∞	6
V1	9	0	3	∞	∞
V2	2	∞	0	5	∞
V3	∞	∞	∞	0	1
V4	∞	∞	∞	∞	0

图 6-4　网的存图方式

6.1.2　Vector 邻接表

Vector 是 C++中 STL 库中封装好的容器，常用来定义不定长数组。使用 Vector 邻接表建图方法如下。

定义一个容器数组，里面装的数据为结构体，其中，结构体中保存边的信息，分别表示这条边指向的点和边的权值。这样定义的含义为保存每个点所关联的边的信息。

```
1. const int N = 1000;
2. struct Edge{
3.     int to;
4.     int cost;
5. };
6. vector<Edge> vt[N];
```

初始化容器数组，防止未更新的数据干扰下一组数据，在每组数据存储前调用。

```
1. void init()
2. {
3.     for(int i=0;i<N;i++) vt[i].clear();
4. }
```

加一条由点 *s* 指向点 *e* 的边，且存储边权 cost 值。

```
1. void AddEdges(int s,int e,int cost)
2. {
3.     struct Edge edge;
```

```
4.     edge.to = e;
5.     edge.cost = cost;
6.     vt[s].push_back(edge);
7.     return;
8. }
```

查找所有与点 *s* 有关联的边及边权信息。

```
1. void Search(int s)
2. {
3.     for(int i=0; i<vt[s].size() ;i++)
4.     {
5.         struct Edge edge = vt[s][i];
6.         cout <<"from "<< s <<" to " <<edge.to << " and cost is "<<edge.cost <<endl;
7.     }
8.     return;
9. }
```

6.1.3　链式前向星

使用邻接矩阵建图虽然简单直观但是遍历效果太低，并且不能处理重边（即图中有两条或以上相同的边），适用于稠密图。Vector 邻接表是使用 STL 中 vector 模拟链表，适用于稀疏图。而链式前向星则是相对中庸的一种建图方法，但适用度最广，几乎可以在任何情况下代替上述两种建图方式。

链式前向星是邻接表的静态建表方式，采用数组模拟链表的方式实现邻接表的功能。

建立一个结构体，存储边的信息，其中 edge[*i*].next 指的是与第 *i* 条边同起点的下一条边的存储位置，edge[*i*].to 指的是第 *i* 条边的终点，edge[*i*].cost 为第 *i* 条边的权值。head[]存储的是以 *i* 为起点的边存储的位置。

```
1. const int N = 1100;
2. struct Edge
3. {
4.     int next, to, cost;
5.     Edge(){}
6.     Edge(int a,int b,int c):next(a),to(b),cost(c){}
7. };
8. int head[N]; struct Edge edge[2*N]; int nedges;
```

存储每个新图之前，一定要初始化。清楚 head[]数组并初始化为-1，便于遍历的时候判断。

```
1. void init()
```

```
2. {
3.     memset(head,-1,sizeof(head));
4.     nedges = -1;
5. }
```

往图中新加一条边时，用结构体记住第 nedges 条边，更新 head[]，使 head[]等于变量 nedges，当往图中再加入一条以 a 为起点的边时，这条边的 edge[].next 为变量 nedges 的值，即构成一个链。此代码为无向图的加边方式，若为有向图，无须写下面两行。

```
1. void add_edge(int a,int b,int c)
2. {
3.     edge[++nedges] = Edge(head[a],b,c);
4.     head[a] = nedges;
5.     edge[++nedges] = Edge(head[b],a,c);
6.     head[b] = nedges;
7. }
```

访问以 s 为起点的边时，只需要沿着 next 这条链一直搜索到−1 为止，这也是 head[]数组初始化为−1 的原因。

```
1. void Search_edge(int s)
2. {
3.     for(int i=head[s];i!=-1;i = edge[i].next)
4.     {
5.         int t = edge[i].to;
6.         int cost = edge[i].cost;
7.         cout << "from " << s << " to " << t << " and cost is "<<
cost << endl;
8.
9.     }
10. }
```

6.2 搜索

搜索算法是利用计算机的高性能有目的地穷举一个问题解空间的部分或所有可能情况，从而求出问题的解的一种方法。枚举其实就是简单的搜索，一般把搜索分为两种：一种是深度优先搜索（DFS），另一种是广度优先搜索（BFS）。

6.2.1 深度优先搜索

深度优先搜索在某种意义上就是递归，类似于树的前序遍历，尽可能先对纵深方向进行搜索，从源点开始，依次访问未被访问的点，直到找到终点，其过程如下。

（1）在图中选择一个源点。

（2）访问未被访问的邻接点，如果没有可以继续访问的点，则向上回溯，直到找到可以访问的点；如果所有点均被访问过，则没有找到终点，失败退出。

（3）将该点的 visited 数组置为 1，表示该点已被访问过。

（4）判断该点是否为终点，如果是，则结束搜索；否则调到（2）。

以一个图来举例，深度优先搜索的访问顺序，如图 6-5 所示。

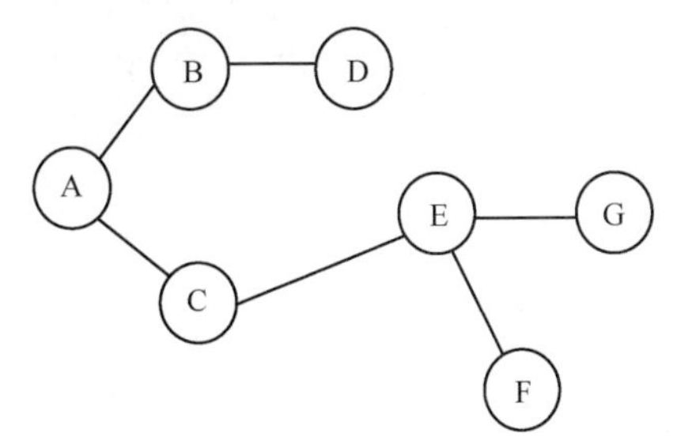

图 6-5　深度优先搜索的访问顺序示例

假设 A 点为源点，F 点为终点，那么整个深度优先搜索的过程如下。

（1）A →B →D 点，发现已经没有可以再遍历的点，则回溯到 A 点，继续访问其他邻接点。

（2）A → C → E→ G，发现没有可以再遍历的点，则回溯到 E 点，继续访问其他邻接点。

（3）E → F，F 为终点，成功退出。

则此图的访问顺序为 A B D C E G F。

【题面描述 1（POJ1562）】

$n \times m$ 的矩阵用“*”和“@”两个符号组成，其中“*”表示此处为空，“@”表示一个单独的块。如果某个块与另一个块相邻（对角线也算相邻），则这两个块同属于一个连通块，请问这个矩阵中有几个连通块。

【输入】

包含多组输入，每组输入首先输入 n 和 $m(1 \leqslant n,m \leqslant 100)$，当 n 和 m 都等于 0 时，输入结束。接下来，为一个 $n \times m$ 的矩阵，用 n 行 m 列表示。

【输出】

每行对应一个组的答案。

【Sample Input】

1 1

*

3 5

@@*

@

@@*

1 8

@@****@*

5 5

****@

@@@

*@**@

@@@*@

@@**@

0 0

【Sample Output】

0

1

2

2

【思路分析】

如图 6-6 所示样例，只有两个连通块，分别为左边连通块和右边连通块。此题的做法可以为：遍历这个矩阵，当遇到“@”时，进行深度优先搜索，把与其为同一个连通块的小块进行标记。在遍历的过程中，统计未被标记的“@”即为答案。

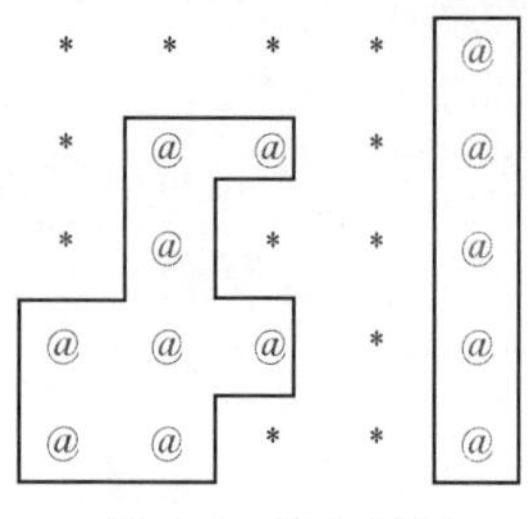

图 6-6　输入样例

【参考代码】

```
1. #include <iostream>
2. #include <cstdio>
3. #include <cstring>
4. #include <algorithm>
5. using namespace std;
6.
7. const int N = 110;
8. char Map[N][N];
9. bool vis[N][N];
10. int dir[8][2] = { {-1, -1}, {-1, 0}, {-1, 1}, {0, -1}, {0, 1},
{1, -1}, {1, 0}, {1, 1} };  //定义8个方向
11.
12. void dfs(int x,int y)
13. {
14.     for(int i=0;i<8;i++)
15.     {
16.         int xx = x + dir[i][0];
17.         int yy = y + dir[i][1];    // Map[xx][yy]为Map[x][y]相
邻的8个点
18.         if(Map[xx][yy]=='@' && !vis[xx][yy])
19.         {
20.             vis[xx][yy] = true;
21.             dfs(xx,yy);  //如果新的点符合条件且没有被标记过,则继续进行
搜索
22.         }
23.     }
24.     return;
25. }
26.
27. int main()
28. {
29.     int n,m;
30.     while(scanf("%d %d",&n,&m)!=EOF && n && m)
31.     {
32.         memset(vis,false,sizeof(vis));
33.         for(int i=1;i<=n;i++)
34.         {
35.             for(int j=1;j<=m;j++)
36.             {
37.                 scanf(" %c",&Map[i][j]);
38.             }
39.         }
40.
41.         int ans = 0;
```

```
42.         for(int i=1;i<=n;i++)
43.         {
44.             for(int j=1;j<=m;j++)
45.             {
46.                 if(Map[i][j]=='@' && !vis[i][j])
47.                 {
48.                     ans++;
49.                     dfs(i,j);
50.                 }
51.             }
52.         }
53.         printf("%d\n",ans);
54.     }
55.     return 0;
56. }
```

深度优先搜索还可以被用于很多场景，其宗旨是利用栈的思想进行递归，通过从当前状态转移到下一状态，从当前节点转移到相邻符合条件的节点，从而得到解的过程。

6.2.2 广度优先搜索

广度优先搜索属于一种盲目的搜寻法，目的是系统地展开并检查图中的所有节点，以寻求结果，其并不考虑结果的可能位置，得彻底搜索整张图，直到找到结果为止，是一种牺牲空间换取时间的搜索方法。与深度优先搜索相比，广度优先搜索求解时间更快，但是相对的内存更大，所以根据不同的场景需选择不同的方法。

广度优先搜索借助了队列的思想，把所有展开的节点放入一个队列中，每次从队首取出节点，再将该节点的展开节点放在队尾，直到达到终点或者队列为空为止。

仍以图 6-5 所示为例进行广度优先搜索，如图 6-7 所示，假设源点为 A，终点为 D，过程如下。

（1）将源点 A 点放入队列，队列为 {A}。

（2）取出队首 A 点，将 A 点的展开节点放入队列，队列为 {B C}。

（3）取出队首 B 点，因为 B 点不是终点，将 B 点的展开节点放入队列。队列为{ C D }。

（4）取出队首 C 点，因为 C 点不是终点，将 C 点的展开节点放入队列，队列为{ D E }。

（5）取出队首 D 点，D 点为终点，直接退出。

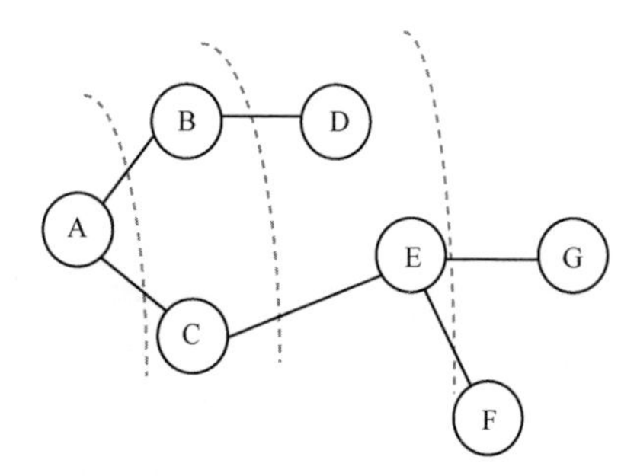

图 6-7 广度优先搜索示例

广度优先搜索同样可以解决连通块问题，解法大同小异。

【参考代码】

```
// 只展示了算法部分
1. struct Node
2. {
3.     int x,y;
4. };
5.
6. void bfs(int x,int y)
7. {
8.     struct Node now;
9.     now.x = x; now.y = y;
10.     queue<Node> que;
11.     que.push(now);
12.     vis[now.x][now.y] = true;
13.     while(!que.empty())
14.     {
15.         now = que.front();
16.         que.pop();
17.
18.         for(int i=0;i<8;i++)
19.         {
20.             struct Node next;
21.             next.x = now.x + dir[i][0];
22.             next.y = now.y + dir[i][1];
23.            if(Map[next.x][next.y]=='@' && !vis [next.x] [next.y])
24.             {
25.                 que.push(next);
26.                 vis[next.x][next.y] = true;
27.             }
28.         }
29.     }
30. }
```

【习题推荐】

POJ.2488

POJ.3083

POJ.3278

POJ.1426

6.3 最小生成树

在无向图中，若某个子图是一棵包含了图中所有点的树，则称这棵树为这个图的生成树。若这个无向图的边上有边权，那么使边权和最小的生成树是这个图的最小生成树。

如图 6-8 所示，图 6-8（b）为图 6-8（a）的最小生成树。

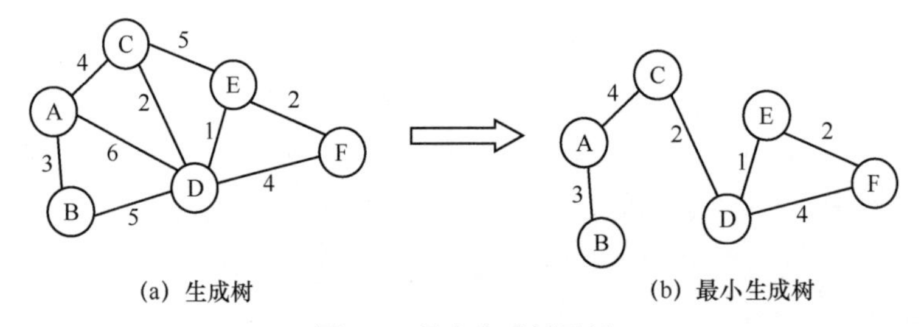

（a）生成树　　（b）最小生成树

图 6-8　最小生成树示例

可以看出，图 6-8(b)包含了图 6-8(a)中所有的点，且为一棵树，而且边权和最小，即为图 6-8(a)的最小生成树。解决最小生成树问题一般有两种算法：一种为 Prim 算法，另一种为 Kruskal 算法。

6.3.1 Prim 算法

Prim 算法是从某个顶点出发，不断迭加边的算法。首先选取一个初始顶点，在剩余顶点中找出与其相连的边权最小的末端顶点，将该末端顶点加入初始顶点的点集中，再次在剩余顶点中找到与该点集相连的边权最小的末端顶点，不断重复直到该点集个数等于原图中点集的个数，此时就构成了最小生成树。

以图 6-8(a)为例，模拟出 Prim 算法的过程。

（1）选取 A 点为起始点，此时点集为 ｛A｝，如图 6-9 所示。

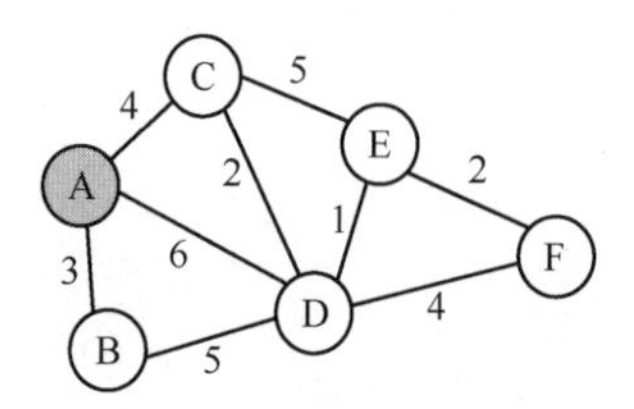

图 6-9 选取 A 点为起始点

（2）与该点集相连的是 3 条灰色的边，边权最小的为 AB 边，则将 B 点加入点集，此时点集为 ｛A B｝，如图 6-10 所示。

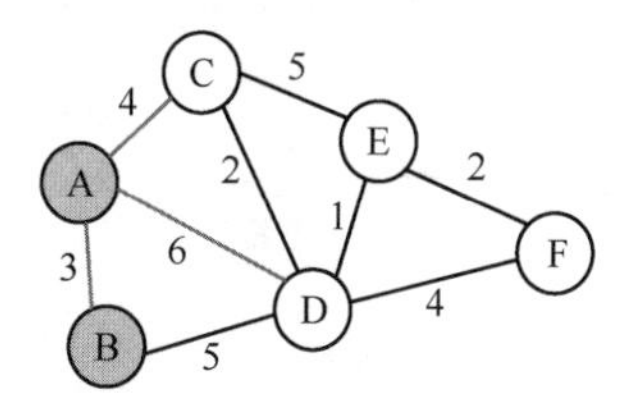

图 6-10 将 B 点加入点集

（3）与{ A B}这个点集相连是的 3 条灰色的边，边权最小的是 AC 边，则将 C 点加入点集，此时点集为{ A B C}，如图 6-11 所示。

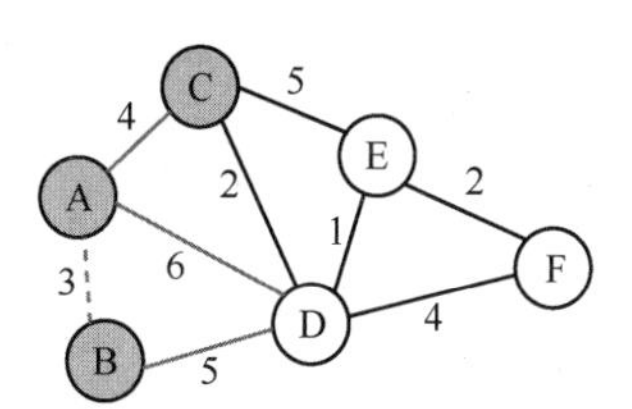

图 6-11 将 C 点加入点集

（4）与{A B C}这个点集相连是的 4 条灰色的边，边权最小的是 CD 边，则将 D 点加入点集，此时点集为{ A B C D}，如图 6-12 所示。

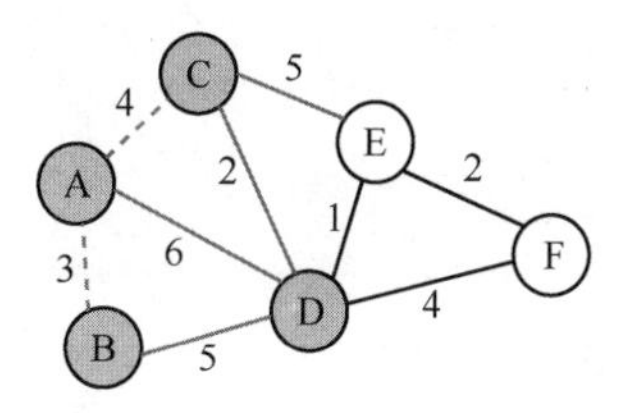

图 6-12 将 D 点加入点集

（5）与{A B C D}这个点集相连是的 3 条灰色的边，边权最小的是 DE 边，则将 E 点加入点集，此时点集为{ A B C D E}，如图 6-13 所示。

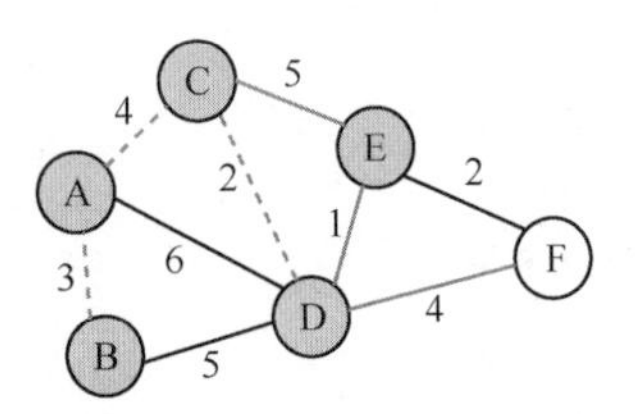

图 6-13　将 E 点加入点集

（6）与{A B C D E}这个点集相连是的 2 条灰色的边，边权最小的是 EF 边，则将 F 点加入点集，此时点集为{ A B C D E F}，如图 6-14 所示。

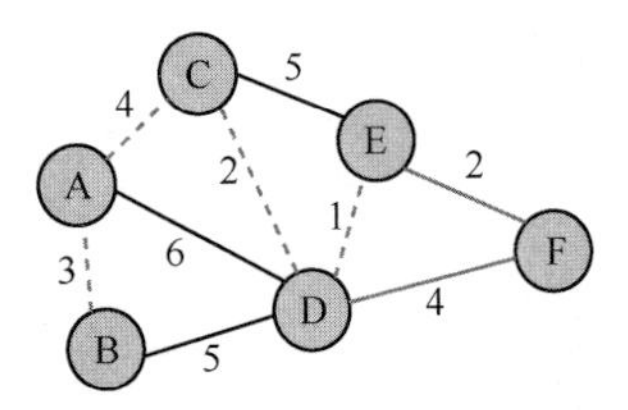

图 6-14　将 F 点加入点集

（7）此时，点集为{A B C D E F}，构成一棵最小生成树，如图 6-15 所示。

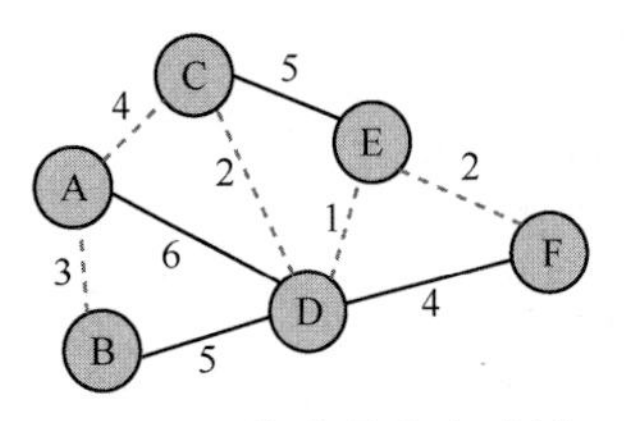

图 6-15　构成最小生成树

其算法实现如下。

```
1. const int N = 110;
2. int cost[N][N]; // 边权数组，cost[u][v]表示 u 和 v 的边权
3. int mincost[N]; // mincost[u]表示由 u 这个点集出发的与它相连的最小边权
4. bool used[N]; //判断点 i 是否在点集中
5.
6. int prim(int n) //传入顶点数
7. {
8.     memset(mincost,INF,sizeof(mincost)); //初始化，设最小边权为 INF
9.    memset(used,false,sizeof(used)); //初始化，表示每个点都没有加
入点集
```

```
    10.
    11.     mincost[0] = 0, ans = 0; // 假设0这个起点为出发点
    12.
    13.     while(true)
    14.     {
    15.         int v = -1;
    16.
    17.         //从不属于点集中的点中选取权值最小的顶点
    18.         for(int u=0;u<n;u++)
    19.         {
    20.           if(!used[u] && (v==-1|| mincost[u] < mincost[v])) v
= u;
    21.         }
    22.
    23.         if(v == -1) break; //不存在表示所有点已包括在点集中
    24.         used[v] = true;
    25.         ans += mincost[v]; //将该点加入点集，并加上边权
    26.         for(int u = 0; u<n; u++)
    27.         {
    28.           mincost[u] = min(mincost[u],cost[v][u]); //更新最小
边权
    29.         }
    30.     }
    31.     return ans;  //返回最小生成树的总边权
    32. }
```

6.3.2 Kruskal 算法

Kruskal 算法在找最小生成树节点前，需要对权重从小到大进行排序，然后遍历每条边，在不产生回路的情况下，将此边加入生成树中。处理是否产生回路的时候，用并查集判断其是否处于同一连通分量即可。

以图 6-8(a)为例来模拟 Kruskal 算法的过程。

（1）首先将边权排序，可得如下结果。

边	E-D	C-D	E-F	A-B	A-C	D-F	B-D	C-E	A-D
权值	1	2	2	3	4	4	5	5	6

（2）加入 E-D 边，如图 6-16 所示。

（3）加入 C-D 边，如图 6-17 所示。

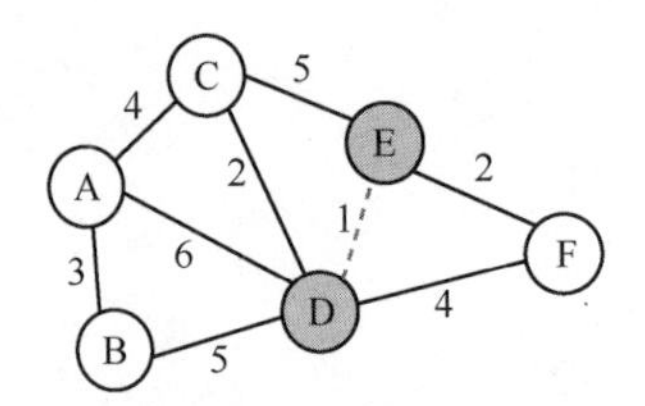

图 6-16　加入 E - D 边

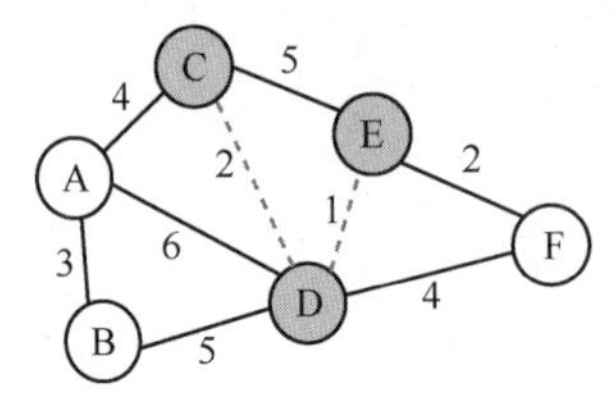

图 6-17　加入 C - D 边

（4）加入 E - F 边，如图 6-18 所示。

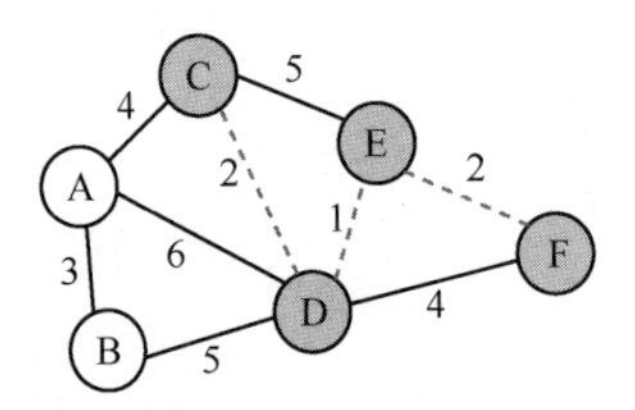

图 6-18　加入 E - F 边

（5）加入 A - B 边，如图 6-19 所示。

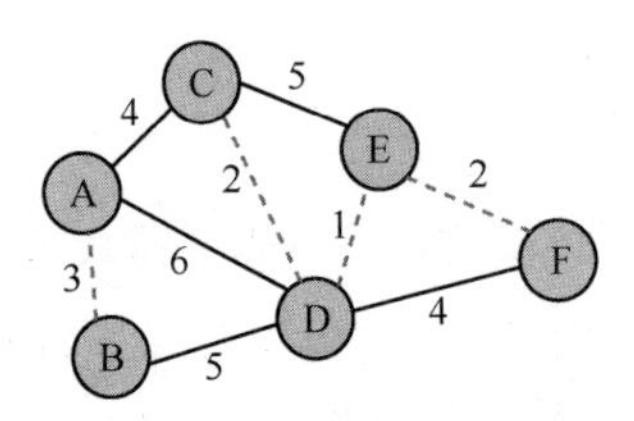

图 6-19　加入 A - B 边

（6）加入 A - C 边，如图 6-20 所示。

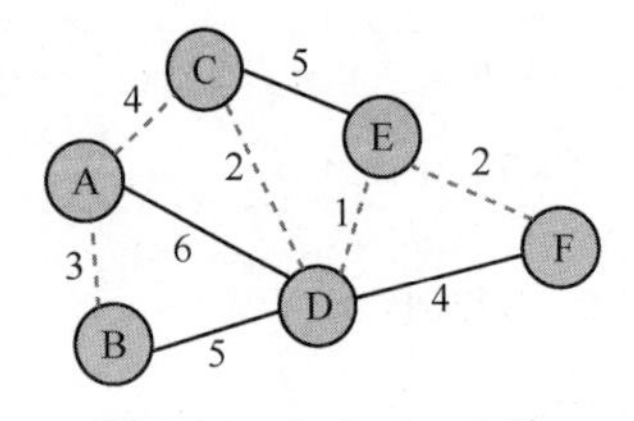

图 6-20　加入 A - C 边

（7）当加入 D-F 边时，构成了回路（D - E - F），则跳过。

（8）当加入 B-D 边时，构成了回路（A - B - C - D），则跳过。

（9）当加入 C-E 边时，构成了回路（C - D - E），则跳过。

（10）当加入 A-D 边时，构成了回路（A - C - D），则跳过。

此时已经遍历完所有的边，最小生成树已经构成，其实在第（6）步就已经完成，当所有的点都加入生成树时，即可结束遍历。

接下来用真题来演示 Kruskal 算法。

【题面描述】

某省政府“畅通工程”的目标是使全省任何两个村庄间都可以实现公路交通（但不一定有直接的公路相连，只要间接通过公路可达即可）。经过调查评估，得到统计表中列出了可能建设公路的若干条道路的成本。现请编写程序，计算出全省畅通需要的最低成本。

【输入】

测试输入包含若干测试用例。每个测试用例的第 1 行给出评估的道路条数 N、村庄数目 $M(M<100)$；随后的 N 行对应村庄间道路的成本，每行给出一对正整数，分别是两个村庄的编号，以及此两村庄间道路的成本（也是正整数）。为简单起见，村庄从 1 到 M 编号。当 N 为 0 时，全部输入结束，相应的结果不输出。

【输出】

对每个测试用例，在 1 行输出全省畅通工程需要的最低成本。若统计数据不足以保证畅通，则输出“?”。

【Sample Input】

```
3 3
1 2 1
1 3 2
2 3 4
1 3
2 3 2
0 100
```

【Sample Output】

```
3
?
```

【思路分析】

这是一道最小生成树问题。

首先用结构体存储每条边的情况，按照从小到大的顺序进行排序。其次遍历每条边，利用并查集的 find()函数判断该边的两个顶点是否属同一个集合。若属于同一个集合，则说明出现了回路，直接跳过该边；若不属于同一个集合，则将该边加入生成树，并将两点利用并查集归于一个集合。

由于此题可能存在没有解的情况，即构成不了最小生成树。当且仅当图中只存在一个集合且这个集合元素为所有点的个数时，才能构成最小生成树，其他情况都不能构成最小生成树。

【参考代码】

```
1. #include <stdio.h>
2. #include <string.h>
3. #include <iostream>
4. #include <algorithm>
5. #define N 105
6. using namespace std;
7.
8. int father[N];
9. struct Node
10. {
11.     int st,ed,w;
12. };
13. struct Node edge[N];
14. bool comp(const Node a,const Node b)
15. {
16.     return a.w<b.w;
17. }
18. int find(int x)
19. {
20.     int y=x;
21.     while(y!=father[y]) y=father[y];
22.     while(x!=father[x])
23.     {
24.         int temp=father[x];
25.         father[x]=y;
26.         x=temp;
27.     }
28.     return y;
29. }
30. int main()
31. {
```

```
32.     int n,m,t;
33.     while(~scanf("%d %d",&n,&m))
34.     {
35.         if(n==0) break;
36.         t=0;
37.         for(int i=1;i<=m;i++) father[i]=i;
38.         memset(edge,0,sizeof(Node));
39.         while(n--)
40.         {
41.             t++;
42.           scanf("%d %d %d",&edge[t].st,&edge[t].ed, &edge[t].w);
43.         }
44.         sort(edge+1,edge+t+1,comp); //对边进行排序
45.         int sum=0;
46.         for(int i=1;i<=t;i++)
47.         {
48.             int fx=find(edge[i].st);
49.             int fy=find(edge[i].ed);
50.             if(fx==fy) continue; //判断其是否在同一个连通分量
51.             else
52.             {
53.                 sum+=edge[i].w;
54.                 father[fx]=fy;
55.             }
56.         }
57.         int cnt=0;
58.         for(int i=1;i<=m;i++) if(find(i)==i) cnt++;
59.         if(cnt>1) printf("?\n");
60.         else printf("%d\n",sum);
61.     }
62.     return 0;
63. }
```

【习题推荐】

HDOJ.1301

HDOJ.5624

HDOJ.1233

HDU.1102

6.4 最短路

最短路问题是图论中较基础的问题，目的是求出图中两个顶点的最短距离。

这里介绍两种最短路径问题的求法：一种是求任意两点间的最短路径问题，称为Floyed算法；另一种是求某个点到其他所有点的单源最短路径问题，称为Dijksra算法。

6.4.1 Floyed 算法

Floyed是解决任意两点间最短路径的一种算法，可以正确处理有向图或负权，其时间复杂度为$O(n^3)$，空间复杂度为$O(n^2)$，时效性较差。这种算法基于动态规划，对于每一对顶点i和j，看是否存在一个顶点k使i到k再到j比已知路径更短，如果是则进行更新。其核心代码十分简短。

```
1. void init(int n)
2. {
3.     for(int i=1;i<=n;i++)
4.         for(int j=1;j<=n;j++)
5.             dis[i][j] = dis[j][i] = INF;    //根据情况而定
6.     return;
7. }
8. void Floyed(int n)
9. {
10.     for(int k=1;k<=n;k++)
11.         for(int i=1;i<=n;i++)
12.             for(int j=1;j<=n;j++)
13.                 if(dis[i][j]> dis[i][k] +dis[k][j])
14.                     dis[i][j] =dis[i][k] + dis[k][j];
15.     return;
16. }
```

Floyed算法还有一些其他相关的应用。

（1）如果是一个没有边权的图，把相连的两点间的距离设为dis[i][j]=1，不相连的两点设为无穷大，用Floyd算法可以判断i、j两点是否相连。

（2）如果dis[i][i] != 0，说明此时存在环。

（3）利用Floyd求最小值时，初始化dis为INF；求最大值时，初始化dis为−1。

6.4.2 Dijkstra 算法

Dijkstra算法是典型的单源最短路径算法，用于计算一个节点到其他所有节点的最短路径，适用于权值非负的有向或无向图，效率优于Floyed算法。

Dijkstra 算法思想类似于 Prim 算法，采用贪心策略，将图中顶点集合分为两组，一组为已经求出最短路径的顶点集合，另一组为其余尚未确定最短路径的顶点集合。每次找到最短距离已经确定的顶点，从它出发更新相邻顶点的最短距离。

假设已经求出最短路径的顶点集合为 S，尚未确定最短路径的顶点集合为 T，Dijkstra 算法步骤如下。

（1）S 中只包含一个顶点，即源点 u，且 dis[u] = 0。若其他点 i 与源点 u 有边，则 dis[i] 值为边的权值，反之为∞。

（2）从 T 中选取一个顶点 k，使其到源点 u 的距离最小。将点 k 加入 S，并更新 dis[k]。

（3）以 k 点为新考虑的中间点，修改 T 中的 dis[]值；若从源点 u 到顶点 v 经过 k 的距离比原来距离短，则修改 dis[v]。

（4）重复步骤（2）和步骤（3），直到所有顶点都包含在 S 中。

仍以图 6-8（a）为例，模拟该算法的步骤。

（1）假设源点为 A，则 S = { A }，如图 6-21 所示，初始化数组为：

	A	B	C	D	E	F
dis[]	0	2	3	5	∞	∞

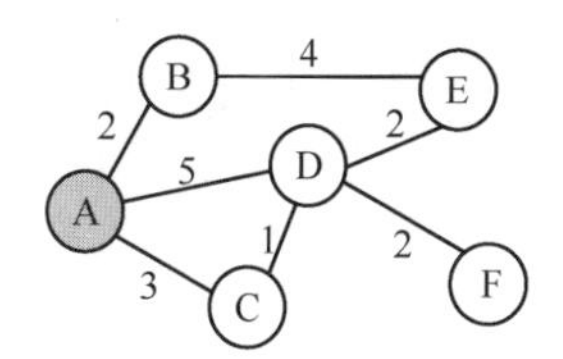

图 6-21　假设源点为 A

（2）与源点 A 相邻的权值最小的为 B 点，如图 6-22 所示，那么将 B 点加入 S，并且把 B 点作为中间点，更新集合 T 中的点，如下。

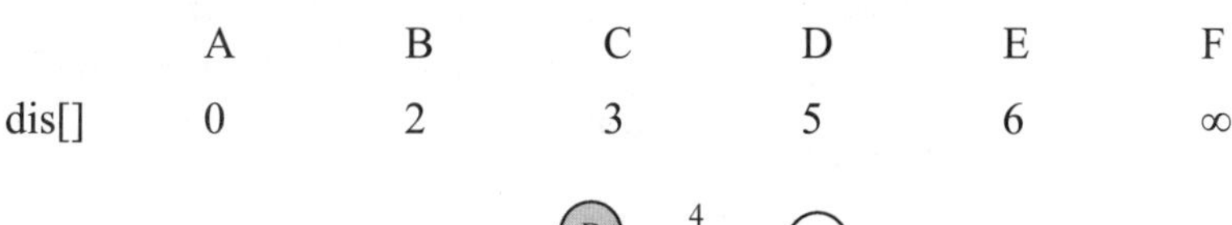

	A	B	C	D	E	F
dis[]	0	2	3	5	6	∞

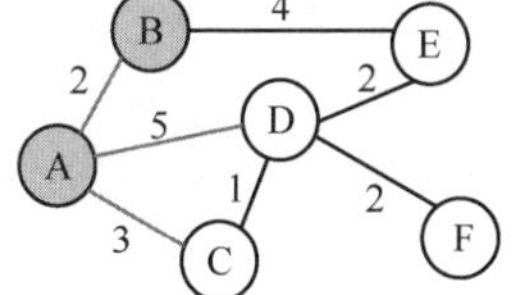

图 6-22　将 B 点加入 S

（3）从步骤（2）可以看出，集合 T 中 dis[]值最小的为 C 点，如图 6-23 所示，那么将 C 点加入 S 中，并以 C 点作为中间点，更新集合 T 中的点，如下。

	A	B	C	D	E	F
dis[]	0	2	3	4	6	∞

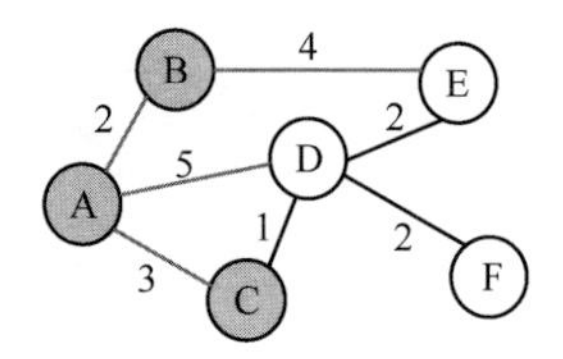

图 6-23　将 C 点加入 S

其余步骤不再重复，每次都是找到最小的 dis[]值，然后通过该点更新尚未求出最短距离的点。

```
1. // dis[] 表示距离源点的最短距离
2. // mat[i][j] 表示点 i 和点 j 的边权
3. // vis[i] 标记该点是否已经求出最短距离
4.
5. void Dijstra(int n)
6. {
7.     int dis[N];
8.     bool vis[N];
9.     memset(vis,true,sizeof(vis));
10.     for(int i=1;i<=n;i++) dis[i] = mat[1][i];
11.     dis[1]=0,vis[1]=false;
12.     int pos = 1;
13.     for(int i=1;i<=n;i++)
14.     {
15.         int mis = INF;
16.         for(int j=1;j<=n;j++)
17.         {
18.             if( vis[j] && dis[j]< mis)
19.                 mis=dis[j],pos=j;
20.         }
21.         vis[pos] = false;
22.         for(int j=1;j<=n;j++)
23.         {
24.             if( vis[j] && dis[j] > dis[pos] + mat[pos][j])
25.                 dis[j] = dis[pos] + mat[pos][j];
26.         }
27.     }
28.     return dis[n];
29. }
```

【题面描述（HDU 2544）】

在每年的校赛中，所有进入决赛的同学都会获得一件漂亮的 t-shirt。工作人员把上百件的衣服从商店运回到赛场，是非常累的！请帮助他们寻找最短的从商店到赛场的路线。

【输入】

输入包括多组数据。

每组数据第一行是两个整数 N、M（$N\leqslant 100$，$M\leqslant 10000$），N 表示大街上有几个路口，标号为 1 的路口是商店所在地，标号为 N 的路口是赛场所在地，M 则表示有几条路。N=M=0 表示输入结束。接下来 M 行，每行包括 3 个整数 A、B、C（$1\leqslant$ A,B $\leqslant N$,$1\leqslant$ C $\leqslant 1000$）,表示在路口 A 与路口 B 之间有一条路，工作人员需要 C min 的时间走过这条路。

输入保证至少存在 1 条商店到赛场的路线。

【输出】

对于每组输入，输出一行，表示工作人员从商店走到赛场的最短时间。

【Sample Input】

```
2 1
1 2 3
3 3
1 2 5
2 3 5
3 1 2
```

【Sample Output】

```
3
2
```

【参考代码】

```
1. #include <iostream>
2. #include <cstring>
3. #include <cstdio>
4. #include <algorithm>using namespace std;
5. const int N = 100+10;
6. const int INF = 1<<27;
7. int mat[N][N];
8. void init(int n)
9. {
```

```
10.     for(int i=1;i<=n;i++)
11.         for(int j=1;j<=n;j++)
12.             mat[i][j] = mat[j][i] = INF;
13.     return;
14. }
15. void Floyed(int n)
16. {
17.     for(int k=1;k<=n;k++)
18.         for(int i=1;i<=n;i++)
19.             for(int j=1;j<=n;j++)
20.                 if(mat[i][j]> mat[i][k] +mat[k][j] && i!=j)
21.                     mat[j][i] = mat[i][j] = mat[i][k] + mat[k][j];
22. 
23.     printf("%d\n",mat[1][n]);
24.     return;
25. }
26. void Dijstra(int n)
27. {
28.     int dis[N];
29.     bool vis[N];
30.     memset(vis,true,sizeof(vis));
31.     for(int i=1;i<=n;i++) dis[i] = mat[1][i];
32.     dis[1]=0,vis[1]=false;
33.     int pos = 1;
34.     for(int i=1;i<=n;i++)
35.     {
36.         int mis = INF;
37.         for(int j=1;j<=n;j++)
38.         {
39.             if( vis[j] && dis[j]< mis)
40.                 mis=dis[j],pos=j;
41.         }
42.         vis[pos] = false;
43.         for(int j=1;j<=n;j++)
44.         {
45.             if( vis[j] && dis[j] > dis[pos] + mat[pos][j])
46.                 dis[j] = dis[pos] + mat[pos][j];
47.         }
48.     }
49.     printf("%d\n",dis[n]);
50. }
51. int main()
52. {
53.     int n,m;
54.     while(~scanf("%d%d",&n,&m) && n && m)
55.     {
```

```
56.         init(n);
57.         while(m--)
58.         {
59.             int st,ed,w;
60.             scanf("%d%d%d",&st,&ed,&w);
61.             if(mat[st][ed]>w)
62.                 mat[st][ed]  = mat[ed][st] = w;
63.         }
64.         //Floyed(n);        Dijstra(n);
65.     }
66.     return 0;
67. }
```

【习题推荐】

HDOJ.5521

HDOJ.2433

HDU.1595

6.5 拓扑排序

拓扑排序是将有向图中的顶点以线性方式进行排序，对于图中任何由 u 指向 v 的边，在最后的排序结果中，顶点 u 一定在顶点 v 前面。

这个概念比较生硬，以生活中的选课来说，在学习算法设计、数据结构、编译原理这类课程前，必须要学习计算机基础课，如 C 语言、计算机导论等。那么在安排课表时，一定要先学完基础课才能学习稍难的课程，这就是拓扑排序。按照离散数学中的概念，就是由某个集合上的偏序得到该集合的全序。

要得到一个正确的拓扑排序，必须保证这个图为有向无环图，否则会出现冲突。拓扑排序的实现步骤如下。

（1）维护一个入度为 0 的顶点集合 S。

（2）每次从顶点集合中取出一个顶点并输出，然后删掉所有和它相关的边。

（3）重复上述两步，直到所有顶点输出。

其中，拓扑排序的结果不是唯一的，若要保证字典序最小，则在第二步取点时将点排序再依次取点。仍用图 6-8（a）来模拟拓扑排序过程，如图 6-24 所示。

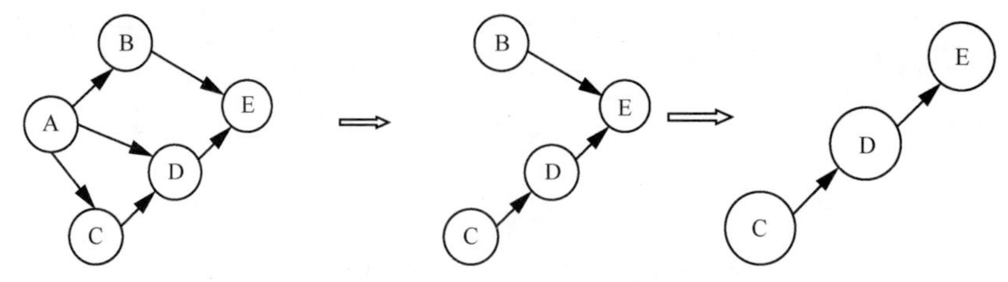

图 6-24　模拟拓扑排序过程

（1）此时入度为 0 的顶点为 A，输出 A，并删掉与 A 相关的边。

（2）此时入度为 0 的顶点为 B，输出 B，并删掉与 B 相关的边。

（3）此时入度为 0 的顶点为 C，输出 C 点。

后面的步骤不再画出，其实从图中也可以看出，剩下的 3 个点已经构成线性序列。

所以这个图的拓扑序列为 A -->B-->C-->D-->E。

【题面描述（HDU2647）】

公司有 n 个人，但这 n 个人中，有 m 种关系，表示 a 比 b 的工资高。每个人的基本工资为 888，请问老板至少需要准备多少钱发工资。

【输入】

第一行输入 n、m。接下来 m 行，每行输入两个数 a、b，表示 a 比 b 的工资高。

【输出】

每行输出一个答案。如果不知道怎么发工资则输出−1。

【Sample Input】

2 1

1 2

2 2

1 2

2 1

【Sample Output】

1777

−1

【思路分析】

这是一个比较裸的拓扑排序问题，但要注意判断是否是有向无环图。处理工资问题时，每当有一个新的入度为 0 的顶点加入 S 集时，就将其工资在删点的基础上加 1。

【参考代码】

```
1. #include <iostream>
2. #include <cstdio>
3. #include <cstring>
4. #include <cmath>
5. #include <set>
6. #include <vector>
7. #include <map>
8. #include <queue>
9. #include <stack>
10. #include <algorithm>
11. using namespace std;
12. typedef long long LL;
13.
14. const int N = 10000 + 100;
15. const int M = 20000 + 100;
16. const int INF = 0x3f3f3f3f;
17. struct Node    //from
18. {
19.     int next,to;
20.     Node (){}
21.     Node (int a,int b) : next(a),to(b){}
22. };
23. int head[N]; struct Node edge[M]; int nedge;
24. void add_edge(int a,int b)
25. {
26.     edge[++nedge] = Node(head[a],b);
27.     head[a] = nedge;
28. }//  to 前向星建图
29.
30. int node[N];
31. struct cost
32. {
33.     int x;
34.     int mon;
35. };
36. queue<cost> que;
37. int main()
38. {
```

```
39.     int n,m;
40.     while(~scanf("%d %d",&n,&m))
41.     {
42.         LL ans = 0;
43.         memset(node,0,sizeof(node));
44.         memset(head,-1,sizeof(head));//  head -> -1
45.         nedge = -1; // 上同
46.         for(int i=1;i<=m;i++)
47.         {
48.             int x,y;
49.             scanf("%d %d",&y,&x);
50.             add_edge(x,y);
51.             node[y] ++;
52.         }
53.         struct cost cur;
54.         cur.mon = 888;
55.         for(int i=1;i<=n;i++)
56.             if(node[i]==0) cur.x = i, que.push(cur);  //维护入度
为 0 的集合
57.         while(!que.empty())
58.         {
59.             cur = que.front();
60.             que.pop();  //从 S 集中取出一个点
61.             ans += cur.mon;
62.
63.             for(int i= head[cur.x];~i;i=edge[i].next) //遍历该点,
删掉与其相关的边
64.             {
65.                 int v = edge[i].to;
66.                 if(v==INF) continue;
67.                 node[v] --;  //将遍历到的边删掉并且将 v 点入度减 1
68.                 m--;
69.                 edge[i].to = INF;
70.                 if(node[v]==0) //如果此时 v 点入度为 0，加入 S 集
71.                 {
72.                     struct cost now;
73.                     now .x = v;
74.                     now.mon = cur.mon +1;
75.                     que.push(now);
76.                 }
77.             }
78.         }
```

```
79.
80.         if(m) printf("-1\n");
81.         else printf("%lld\n",ans);
82.     }
83.     return 0;
84. }
```

【习题推荐】

HDOJ.4857

HDOJ.5695

HDOJ.5438

第7章 字符串

7.1 KMP

KMP 是一个效率非常高的字符串匹配算法。当检验模式串 S 是否在主串 T 中出现时，普通的做法是在字符串 T 中枚举所有起始位置，再直接检验是否匹配，其复杂度为 $O(\text{len}(s)\text{len}(T))$，而 KMP 算法可以做到 $O(\text{len}(s)+\text{len}(T))$。

KMP 算法的优势就在于使模式串尽可能地向后移动更多的距离，主串上匹配的位置不再重复，这时需要借助 Next 数组。Next 数组保存的是一个模式串后缀与前缀的最长匹配，在遇到不匹配时，可以直接跳到后缀的位置。示例如下。

主串如下所示。

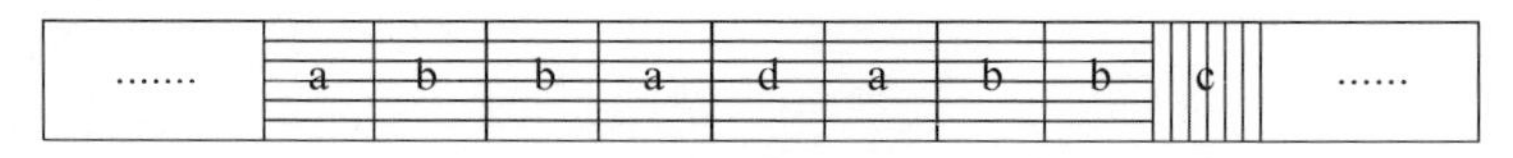

模式串如下所示。

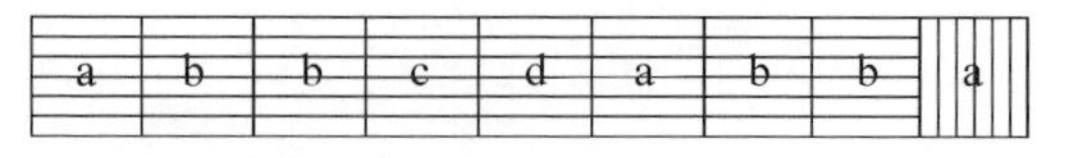

当模式串匹配到竖条的部分时，不匹配，观察模式串横条的部分。

模式串匹配部分如下所示。

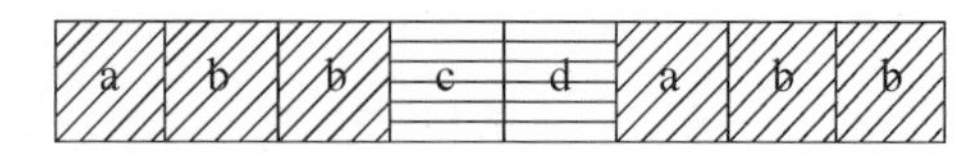

发现前面部分等于后面部分，我们直接把模式串首位置移动到后面部分的首位置。

主串如下所示。

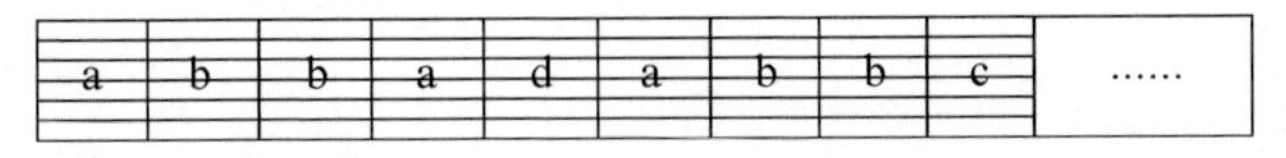

模式串如下所示。

这就是 KMP 的思想，尽可能地将模式串向后移动，减少匹配的时间。那么怎么求 Next 数组，以上面的模式串举例。

a	b	b	c	d	a	b	b	a

Next[0]表示 T[0]−T[0]的长度，为“a”，显然为 0。

Next[1]表示 T[0]−T[1]的长度，为“ab”，显然为 0。

Next[2]表示 T[0]−T[2]的长度，为“abb”，显然为 0。

Next[3]表示 T[0]−T[3]的长度，为“abbc”，显然为 0。

Next[4]表示 T[0]−T[4]的长度，为“abbcd”，显然为 0。

Next[5]表示 T[0]−T[5]的长度，为“abbcda”，显然为 1。

Next[6]表示 T[0]−T[6]的长度，为“abbcdab”，显然为 2。

Next[7]表示 T[0]−T[7]的长度，为“abbcdabb”，显然为 3。

Next[8]表示 T[0]−T[8]的长度，为“abbcdabba”，显然为 1。

Next[]数组求法如下。

```
1. void calnext()//计算 next 数组
2. {
3.     int i=0,cnt=-1;
4.     next[i]=cnt;
5.     while(i<len)
6.     {
7.         if(cnt==-1 || str[i]==str[cnt]) i++,cnt++,next[i]=cnt;
8.         else cnt=next[cnt];
9.     }
10.     return;
11. }
```

S1 串为模式串，S2 串为主串，len1 为 S1 串的长度，len2 为 S2 串的长度。KMP 算法还有如下应用。

（1）检验主串中是否存在模式串，代码如下。

```
1.  bool kmp()
2. {
3.     int ans=0;
4.     int i=0,j=0;
5.     while(i<len2 && j<len1)
6.     {
7.         if(j==-1 || s1[j]==s2[i]) i++,j++;
8.         else j=next[j];
9.
10.         if(j==len1)   return true;
11.     }
12.     return false;
13. }
```

（2）查找主串中含有几个字串，并返回个数，如在“abababa”中找“aba”，*ans*=3，代码如下。

```
1. int kmp()
2. {
3.     int ans=0;
4.     int i=0,j=0;
5.     while(i<len2 && j<len1)
6.     {
7.         if(j<0 || s1[j]==s2[i]) i++,j++;
8.         else j=next[j];
9.
10.         if(j==len1)
11.         {
12.             j=next[j];
13.             ans++;
14.         }
15.     }
16.     return ans;
17. }
```

（3）如果对于 next 数组中的 i，符合 $i \% (i - \text{next}[i]) == 0 \ \&\& \ \text{next}[i] \ != 0$，则说明字符串循环：循环节长度为 $i - \text{next}[i]$，循环次数为 $i / (i - \text{next}[i])$。

【习题推荐】

HDU.2203

HDU.1358

HDU.1711

7.2　AC 自动机

KMP 是单模式匹配，即判断一个字符串是否出现在另一个字符串中。但当遇到多个字符串匹配一个字符串时，KMP 显得有些乏力，这时 AC 自动机就显得较为出色。举个例子，有 n 个单词和一个长字符串，有多少个单词在这个长字符串中出现过？

AC 自动机的核心如下。

（1）用所有的模式串构造一棵字典树 Tire。它的根节点为一个虚根，每条边代表一个字母，从根节点到某个节点路径上的边的有序集合为某个模式串的前缀。图 7-1 所示字典树为例。

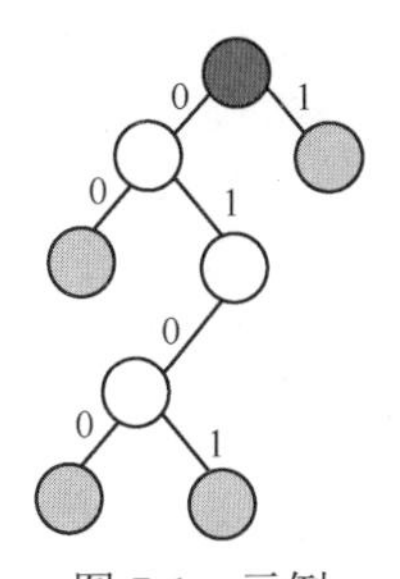

图 7-1　示例

深灰的节点为虚根，灰色的节点表示模式串的终点，从图 7-1 中可以看出，有 4 个模式串，分别为“00”“0100”“0101”“1”。

（2）失败指针 fail。fail 指针类似于 KMP 算法中的 next 数组，在匹配时如果当前字符匹配失败，那么利用 fail 指针进行跳转。fail 指针指向与当前节点相同的节点，且该节点对应的后缀为当前节点能匹配到的最长后缀，如果没有则指向根节点。例如，图 7-1 的 fail 指针如图 7-2 所示。

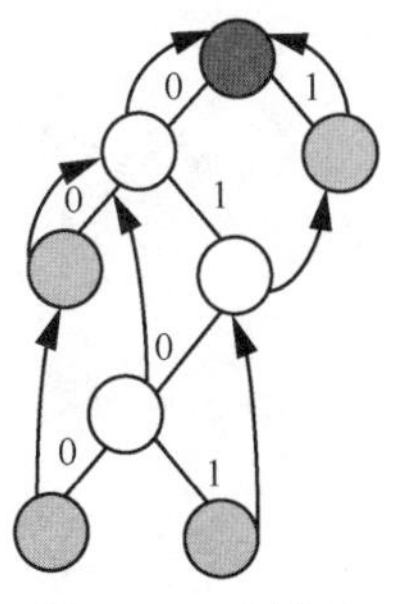

图 7-2　fail 指针

具体的算法怎么实现？首先我们要为每个节点创建一个结构体，代码如下。其中，node *next[26]指的是向下发展 26 条边，每条边代表一个字母。node *fail 为 fail 指针，sum 表示有无以此节点结束的单词，有几个单词是以此节点结束的。

```
1. struct node{
2.     node *next[26];
3.     node *fail;
4.     int sum;
5. };
```

接下来，在字典树中插入单词，代码如下。假设当前临时节点为 p，首先令 p 节点指向 root 节点，然后遍历要插入的单词，如果某个字母表示的边已经存在，直接 p=p->next[x]向下递归；如果边不存在，那么新建一条边，做法如同在链表间插入一个节点。

```
1. void Insert(char *s)
2. {
3.     node *p = root;
4.     for(int i = 0; s[i]; i++)
5.     {
6.         int x = s[i] - 'a';
7.         if(p->next[x] == NULL)
8.         {
9.             newnode=(struct node *)malloc(sizeof(struct node));
10.             for(int j=0;j<26;j++) newnode->next[j] = 0;
11.             newnode->sum = 0;newnode->fail = 0;
12.             p->next[x]=newnode;
13.          }
14.          p = p->next[x];
15.     }
16.     p->sum++;
17. }
```

然后，要在字典树中创建 fail[]数组，代码如下。首先 root 节点的 fail 定义为空，然后每个节点的 fail 都取决于自己父节点的 fail 指针，所以从父节点的 fail 出发，直到找到为止，这里使用了 BFS 方法，一层一层向下拓展。

```
1. void built()
2. {
3.     node *p=root,*temp;
4.     queue<struct node *>que;
5.     que.push(p);
6.     while(!que.empty())
7.     {
8.         temp=que.front();
```

```
9.         que.pop();
10.         for(int i=0;i<26;i++)
11.         {
12.             temp->next[i]=temp->next[i];
13.             if(temp->next[i]!=NULL)
14.             {
15.                 if(temp==root) {temp->next[i]->fail=root;}
16.                 else
17.                 {
18.                     p=temp->fail;
19.                     while(p)
20.                     {
21.                         if(p->next[i])
22.                         {
23.                             temp->next[i]->fail=p->next[i];
24.                             break;
25.                         }
26.                         p=p->fail;
27.                     }
28.                     if(!p)  temp->next[i]->fail=root;
29.                 }
30.                 que.push(temp->next[i]);
31.             }
32.         }
33.     }
34. }
```

最后是将主串进行匹配。

```
1. void ac_automation(char *ch)
2. {
3.     node *p = root;
4.     int len = strlen(ch);
5.     for(int i = 0; i < len; i++)
6.     {
7.         int x = ch[i] - 'a';
8.         while(!p->next[x] && p != root) p = p->fail;
9.         p = p->next[x];
10.         if(!p) p = root;
11.         node *temp = p;
12.         while(temp != root)
13.         {
14.             if(temp->sum >= 0)
15.             {
```

```
16.                 cnt += temp->sum;
17.                 temp->sum = -1;
18.             }
19.             else break;
20.             temp = temp->fail;
21.         }
22.     }
23. }
```

如同插入时一样，直接遍历字符串，然后判断当前节点是否有 next[*i*]与当前字符相同。如果有则继续深度搜索，如果没有则利用 fail[]回溯查找。

【题面描述（HDU 2222）】

给 *n* 个单词和一个长字符串，请判断有多少个单词在这个长字符串中出现？

【参考代码】

```
1. #include <iostream>
2. #include <cstdio>
3. #include <cstring>
4. #include <algorithm>
5. #include <queue>
6. using namespace std;
7.
8. int cnt;
9. struct node{
10.     node *next[26];
11.     node *fail;
12.     int sum;
13. };
14. node *root;
15. void Insert(char *s)
16. {
17.     node *p = root;
18.     for(int i = 0; s[i]; i++)
19.     {
20.         int x = s[i] - 'a';
21.         if(p->next[x] == NULL)
22.         {
23.           node *newnode=(struct node *)malloc(sizeof(struct
node));
24.             for(int j=0;j<26;j++) newnode->next[j] = 0;
25.             newnode->sum = 0;newnode->fail = 0;
26.             p->next[x]=newnode;
```

```
27.         }
28.         p = p->next[x];
29.     }
30.     p->sum++;
31. }
32.
33. void built()
34. {
35.     node *p=root,*temp;
36.     queue<struct node *>que;
37.     que.push(p);
38.     while(!que.empty())
39.     {
40.         temp=que.front();
41.         que.pop();
42.         for(int i=0;i<26;i++)
43.         {
44.             temp->next[i]=temp->next[i];
45.             if(temp->next[i]!=NULL)
46.             {
47.                 if(temp==root) {temp->next[i]->fail=root;}
48.                 else
49.                 {
50.                     p=temp->fail;
51.                     while(p)
52.                     {
53.                         if(p->next[i])
54.                         {
55.                             temp->next[i]->fail=p->next[i];
56.                             break;
57.                         }
58.                         p=p->fail;
59.                     }
60.                     if(!p)  temp->next[i]->fail=root;
61.                 }
62.                 que.push(temp->next[i]);
63.             }
64.         }
65.     }
66. }
67.
68.
```

```
69. void ac_automation(char *ch)
70. {
71.     node *p = root;
72.     int len = strlen(ch);
73.     for(int i = 0; i < len; i++)
74.     {
75.         int x = ch[i] - 'a';
76.         while(!p->next[x] && p != root) p = p->fail;
77.         p = p->next[x];
78.         if(!p) p = root;
79.         node *temp = p;
80.         while(temp != root)
81.         {
82.            if(temp->sum >= 0)
83.            {
84.                cnt += temp->sum;
85.                temp->sum = -1;
86.            }
87.            else break;
88.            temp = temp->fail;
89.         }
90.     }
91. }
92.
93. int main()
94. {
95.     int T;
96.     scanf("%d",&T);
97.     while(T--)
98.     {
99.         root=(struct node *)malloc(sizeof(struct node));
100.         for(int j=0;j<26;j++) root->next[j] = 0;
101.         root->fail = 0;
102.         root->sum = 0;
103.         char s[1000010];
104.         int n; cnt = 0;
105.         scanf("%d",&n);
106.         getchar();
107.         while(n--)
108.         {
109.             gets(s);
110.             Insert(s);
```

```
111.            }
112.            built();
113.            gets(s);
114.            ac_automation(s);
115.            printf("%d\n",cnt);
116.        }
117. }
```

【习题推荐】

HDU.5880

HDU.2896

参 考 文 献

[1] 秋叶拓哉, 岩田阳一, 北川宜稔. 挑战程序设计竞赛(第二版)[M]. 北京: 人民邮电出版社, 2013.

[2] 秋叶拓哉. 挑战程序设计竞赛之算法和数据结构[M]. 北京: 人民邮电出版社, 2016.

[3] 刘汝佳. 算法竞赛入门经典[M]. 北京: 清华大学出版社, 2009.

[4] Thomas H.Cormen, Charles E.Leiserson, Ronald L.Rivest, et al. 算法导论(第 3 版)[M]. 北京: 机械工业出版社, 2012.

[5] Anany Levitin. 算法设计与分析基础(第 3 版)[M]. 北京: 清华大学出版社, 2015.

[6] 俞勇. ACM 国际大学生程序设计竞赛：知识与入门[M]. 北京: 清华大学出版社，2013.

[7] 俞勇. ACM 国际大学生程序设计竞赛：算法与实现[M]. 北京: 清华大学出版社, 2013.

[8] Aditya Bhargava. 算法图解[M]. 北京: 人民邮电出版社, 2017.

[9] July. 编程之法：面试和算法心得[M]. 北京: 人民邮电出版社，2015.

[10] Kyle Loudon. O'Reilly 精品图书系列 • 算法精解：C 语言描述[M]. 北京: 机械工业出版社, 2012.